U0308974

甘肃敦煌阳关国家级自然保护区植物图鉴

张耀 纪树志 主编

甘肃科学技术出版社
甘肃·兰州

图书在版编目(CIP)数据

甘肃敦煌阳关国家级自然保护区植物图鉴 / 张耀，纪树志主编. -- 兰州 : 甘肃科学技术出版社, 2024.3
ISBN 978-7-5424-3197-4

Ⅰ. ①甘… Ⅱ. ①张… ②纪… Ⅲ. ①自然保护区-植物-敦煌-图集 Ⅳ. ①Q948.524.24-64

中国国家版本馆CIP数据核字(2024)第071378号

甘肃敦煌阳关国家级自然保护区植物图鉴

张 耀 纪树志 主编

责任编辑 于佳丽
封面设计 雷们起

出 版 甘肃科学技术出版社
社 址 兰州市城关区曹家巷1号 730030
电 话 0931-2131570(编辑部) 0931-8773237(发行部)

发 行 甘肃科学技术出版社 印 刷 北京毅峰迅捷印刷有限公司
开 本 880毫米×1230毫米 1/16 印 张 11.25 插 页 4 字 数 249千
版 次 2024年4月第1版
印 次 2024年4月第1次印刷
印 数 1~2100
书 号 ISBN 978-7-5424-3197-4 定 价 128.00元

编 委 会

主编简介

张耀，男，汉族，1976年1月生，甘肃敦煌人，本科。1997年11月至2004年6月在转渠口镇政府工作；2004年6月至2012年4月在敦煌市发展和改革委员会工作；2012年4月至2012年12月在敦煌市能源办工作；2012年12月至2019年6月在甘肃敦煌西湖国家级自然保护区管理局工作；2019年6月至2023年8月任甘肃敦煌阳关国家级自然保护区管理中心党委委员、副主任；2023年8月至今任甘肃敦煌阳关国家级自然保护区管护中心党委书记、主任。

纪树志，男，汉族，1988年6月生，辽宁北票人，硕士研究生，高级工程师；2010年9月至2014年6月，本科就读于西北师范大学地理信息系统专业，2014年9月至2017年6月，硕士就读于西北师范大学地图学与地理信息系统专业。2017年9月至今，在甘肃敦煌阳关国家级自然保护区管护中心工作。发表国家核心期刊2篇、省级期刊10余篇。

前　言

甘肃敦煌阳关国家级自然保护区前身是成立于1992年的敦煌市南湖湿地及候鸟县级保护区。1994年经甘肃省人民政府批准晋升为敦煌南湖湿地及候鸟省级自然保护区。2009年9月经国务院办公厅批准晋升为敦煌阳关国家级自然保护区。2010年4月，经甘肃省机构编制委员会批准成立保护区管理局，为财政全额拨款正县级事业单位。2018年12月，因政府机构改革整建制划转到甘肃省林业和草原局管理。2021年6月，更名为甘肃敦煌阳关国家级自然保护区管护中心，核定编制20名。内设综合科、保护监测科和科研管理科3个职能科室，下设渥洼池、二墩和西土沟3个保护站。

保护区属湿地与荒漠复合生态系统类型。保护对象为荒漠区中特殊成因形成的湿地和荒漠复合生态系统，和以候鸟为代表的珍稀濒危野生动植物资源。区内1000多个泉眼溢出形成了山水沟、西土沟和渥洼池三大水系，地表总径流长度达146公里、年径流量达0.99亿立方米。保护区有林草地5462.56公顷，其中林地面积1584.39公顷，草地面积2225.79公顷；有湿地面积2.17万公顷。保护区生物多样性丰富，有脊椎动物213种，其中列入国家一、二级重点保护野生动物名录的有黑鹳、大天鹅、鹅喉羚等40多种。有种子植物147种，其中列入国家二级重点保护植物名录的有胀果甘草；列入国家重点保护植物名录的有裸果木、胡杨、膜果麻黄、梭梭4种。

保护区是中国极旱荒漠地带的重要水源涵养地和“蓄水库”，牢牢锁住库姆塔格沙漠东侵的“咽喉”，肩负着维护生物多样性、防止土地沙化、储存水分、蓄洪防旱、灌溉农田的使命，是敦煌市乃至河西走廊的西部生态安全屏障。

为了摸清甘肃敦煌阳关国家级自然保护区的植物资源状况，保护区管护中心在已取得调查资料的基础上，组织有关人员编写了《甘肃敦煌阳关国家级自然保护区植物图鉴》，全书共计约24.9万字，图鉴共涉及43科110属147种植物。本书在编写过程中得到了甘肃省林业和草原局、河西学院、自然保护地数字生物物种库及广大摄影爱好者的大力支持，在此表示诚挚的感谢。由于编者的专业知识有限，书中缺点和错误在所难免，敬请广大读者批评指正。

编 者

2023年11月22日

目　录

轮藻门

Charophyta

一、轮藻科 Characeae

01 轮藻 *Charophyte*

轮藻属 *Chara*

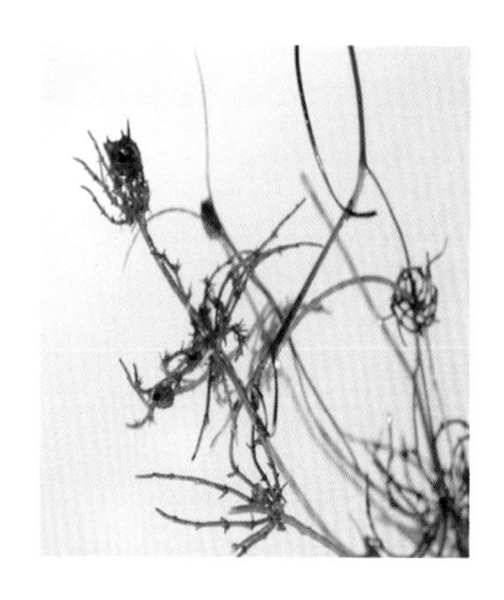

【形态特征】

植物体直立，多分枝；以单列细胞分枝的假根固着在水底淤泥中。主枝分化成“节”和“节间”，节的四周轮生有一轮分枝，“叶”轮生在分枝或主枝上。主枝顶端都有一个半球形顶端细胞，植物的生长即是由顶端细胞不断分裂形成的。营养体由假根、茎、小枝构成，而茎主要由节、节间、皮层、托叶构成。轮藻的生殖器官为藏精器和藏卵器。

【产地与分布】

保护区内渥洼池、西土沟湿地有分布。全国各地均有分布。

【生境】

生于稻田、沼泽、湖泊中。

【用途】

一般作为植物生理学或细胞学的实验材料，也有的作饲料、肥料、药用；能杀蚊子幼虫和净化污水。

蕨类植物门

Pteridophyta

二、木贼科 Equisetaceae

02 节节草 *Equisetum ramosissimum* Desf.

木贼属 *Equisetum*

【别名】

土麻黄、草麻黄、木贼草、节节木贼。

【形态特征】

多年生草本。根茎黑褐色，生少数黄色须根。茎直立，高达70厘米，灰绿色，粗糙，有小疣状突起1列；中部以下多分枝，分枝常具2~5小枝。叶轮生，退化连接成筒状鞘，亦具棱；鞘口随棱纹分裂成长尖三角形的裂齿，齿短，外面中心部分及基部黑褐色，先端及缘渐成膜质，常脱落。孢子囊穗紧密，矩圆形，无柄，长0.5~2厘米，有小尖头。

【产地与分布】

保护区内渥洼池、山水沟、西土沟湿地有分布。全国各地均有分布。

【生境】

生于湖畔、河畔、沟边。

【用途】

全草入药，能明目退翳、清热、利尿、祛痰、止咳。

【其他】

为常见农田杂草。该物种为中国植物图谱数据库收录的有毒植物，其毒性为全株有毒。

裸子植物门

Gymnospermae

三、柏科 Cupressaceae

03 祁连圆柏 *Juniperus przewalskii* Komarov

刺柏属 *Juniperus*

【别名】

垂枝祁连圆柏。

【形态特征】

乔木，高达12米。树干直或略扭，树皮灰色或灰褐色，裂成条片脱落；小枝方圆形或四棱形，微成弧状弯曲或直。叶有刺叶与鳞叶，幼树之叶通常全为刺叶，壮龄树上兼有刺叶与鳞叶，大树或老树则几全为鳞叶。雌雄同株，雄球花卵圆形。球果卵圆形或近圆球形，成熟前绿色，微具白粉，熟后蓝褐色、蓝黑色或黑色，微有光泽。有1粒种子，种子扁方圆形或近圆形，稀卵圆形，两端钝，具或深或浅的树脂槽，两侧有明显而凸起的棱脊，间或仅上部之脊较明显。

【产地与分布】

保护区内西土沟、二墩保护站有栽培。国内分布于青海、甘肃河西走廊、四川北部等地。

【生境】

生于海拔2600~4000米地带的阳坡。

【用途】

耐旱性强，可作分布区内干旱地区的造林树种。木材结构细致，耐久用，可供建筑、家具、农具及器具等用。

【保护等级】

列入世界自然保护联盟(IUCN)2020年濒危物种红色名录3.1版——无危(LC)。

四、麻黄科 Ephedraceae

04 中麻黄 *Ephedra intermedia* Schrenk ex Mey.

麻黄属 *Ephedra*

【形态特征】

灌木，高20~100厘米。茎直立或匍匐斜上，基部分枝多；绿色小枝常被白粉呈灰绿色。叶3裂及2裂混见，下部约2/3合生成鞘状，上部裂片钝三角形或窄三角披针形。雄球花通常无梗，数个密集于节上成团状；雌球花2~3成簇，对生或轮生于节上，无梗或有短梗，通常仅基部合生，边缘常有明显膜质窄边；雌球花成熟时肉质红色，椭圆形、卵圆形或矩圆状卵圆形。种子包于肉质红色的苞片内，不外露，3粒或2粒，形状变异颇大，常呈卵圆形或长卵圆形。花期5~6月，种子7~8月成熟。

【产地与分布】

保护区内西土沟、阴阳泉有分布。国内分布于辽宁、河北、山东、内蒙古、山西、陕西、甘肃、青海及新疆等地。

【生境】

生于干旱荒漠、沙滩地区及干旱的山坡或草地上。

【用途】

草质茎入药，能发汗散寒，宣肺平喘，利水消肿；肉质多汁的苞片可食；根和茎枝在产地常作燃料。

【其他】

该物种为中国植物图谱数据库收录的有毒植物，其毒性为全草有小毒。

【保护等级】

列入世界自然保护联盟(IUCN)2020年濒危物种红色名录3.1版——近危(NT)。

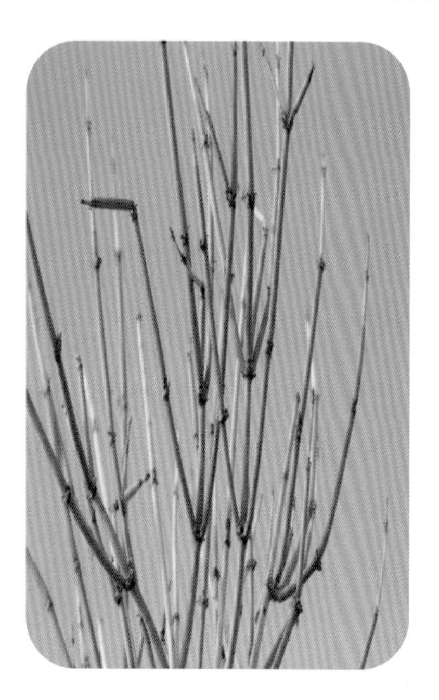

05 膜果麻黄 *Ephedra przewalskii* Stapf

【别名】

喀什膜果麻黄。

【形态特征】

灌木，高50~240厘米。木质茎明显，茎皮灰黄色或灰白色；茎的上部具多数绿色分枝，老枝黄绿色，纵槽纹不甚明显，小枝绿色，2~3枝生于节上。叶通常3裂并有少数2裂混生，裂片三角形、或长三角形，先端急尖或具渐尖的尖头。雄球花淡褐色或褐黄色，近圆球形；雌球花淡绿褐色或淡红褐色，近圆球形长。种子通常3粒，稀2粒，包于干燥膜质苞片内，暗褐红色，长卵圆形，顶端细窄成尖突状，表面常有细密纵皱纹。

【产地与分布】

保护区内西土沟、阴阳泉有分布。国内分布于内蒙古、宁夏、甘肃北部、青海北部、新疆天山南北麓等地。

【生境】

生于干燥沙漠地区及干旱山麓，多沙石的盐碱土上也能生长。

【用途】

有固沙作用；茎枝可作燃料。

【保护等级】

列入世界自然保护联盟(IUCN)2020年濒危物种红色名录3.1版——无危(LC)。

被子植物门

Angiospermae

五、杨柳科 Salicaceae

杨属 *Populus*

06 胡杨 *Populus euphratica* Oliv.

【别名】

幼发拉底杨。

【形态特征】

乔木,高10~15米。树皮淡灰褐色,下部条裂;萌枝细,圆形,光滑或微有绒毛。芽椭圆形,光滑,褐色。苗期和萌枝叶披针形或线状披针形,全缘或不规则的疏波状齿牙缘;成年树小枝泥黄色,有短绒毛或无毛,枝内富含盐量,嘴咬有咸味。叶形多变化,卵圆形、卵圆状披针形、三角状卵圆形或肾形。雄花序细圆柱形,长2~3厘米,轴有短绒毛;雌花序长约2.5厘米,果期长达9厘米,花序轴有短绒毛或无毛。蒴果长卵圆形,长10~12毫米,2~3瓣裂,无毛。花期5月,果期7~8月。

【产地与分布】

保护区内渥洼池、西土沟有人工栽植分布。国内分布于内蒙古西部、甘肃、青海、新疆等地。

【生境】

生于盆地、河谷和平原。

【用途】

木材供建筑、桥梁、农具、家具、造纸等;为绿化西北干旱盐碱地带的优良树种。

【保护等级】

列入世界自然保护联盟(IUCN)2020年濒危物种红色名录3.1版——无危(LC)。

07 小叶杨 *Populus simonii* Carr.

【别名】

南京白杨、河南杨、明杨、青杨。

【形态特征】

乔木，高达20米，胸径50厘米以上。树皮幼时灰绿色，老时暗灰色，沟裂；树冠近圆形。幼树小枝及萌枝有明显棱脊，常为红褐色，后变黄褐色，老树小枝圆形，细长而密，无毛。雄花序长2~7厘米，花序轴无毛，苞片细条裂；雌花序长2.5~6厘米。果序长达15厘米；蒴果小，2(3)瓣裂，无毛。花期3~5月，果期4~6月。

【产地与分布】

保护区内西土沟、碱泉子有人工栽植分布。国内分布于东北、华北、华中、西北及西南各省区。

【生境】

生长于溪河两侧的河滩沙地，沿溪沟可见。

【用途】

木材轻软细致，供民用建筑、家具、火柴杆、造纸等用；为防风固沙、护堤固土、绿化观赏的树种，也是东北和西北防护林和用材林主要树种之一。

08 新疆杨 *Populus alba* var. *pyramidalis* Bunge

【别名】

白杨、新疆奥力牙苏、帚形银白杨、加拿大杨、新疆银白杨。

【形态特征】

高15~30米，树冠窄圆柱形或尖塔形；树皮为灰白或青灰色，光滑少裂。萌条和长枝叶掌状深裂，基部平截；短枝叶圆形，有粗缺齿，侧齿几对称，基部平截，下面绿色几无毛。雄花序长3~6厘米，花序轴有毛，苞片条状分裂，边缘有长毛；蒴果长椭圆形，通常2瓣裂。雌花序长5~10厘米，花序轴有毛；蒴果细圆锥形，无毛。花期4~5月，果期5月。

【产地与分布】

保护区内西土沟、碱泉子有人工栽植分布。国内分布于北方各地，以新疆为普遍。

【生境】

生长于路旁。

【用途】

木材供建筑、家具等用；为优良的绿化和防护林树种。

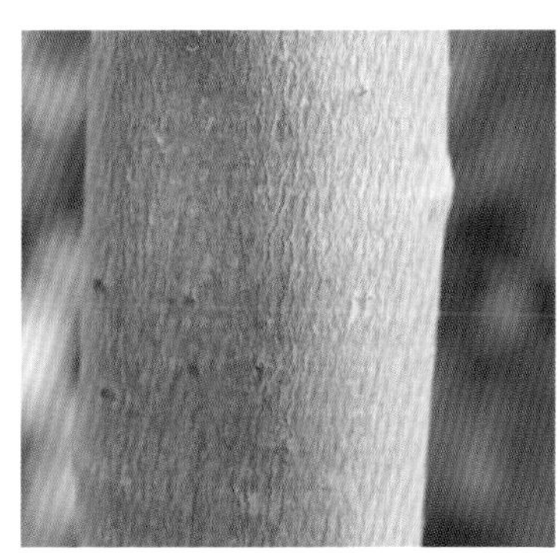

柳属 *Salix*

09 线叶柳 *Salix wilhelmsiana* M.B.

【形态特征】

灌木或小乔木，高达5~6米。小枝细长，末端半下垂，紫红色或栗色，被疏毛，稀近无毛。叶线形或线状披针形，嫩叶两面密被绒毛，后仅下面有疏毛，边缘有细锯齿，稀近全缘。花序与叶近同时开放，密生于上年的小枝上；雄花序近无梗；雌花序细圆柱形，长2~3厘米，果期伸长。花期5月，果期6月。

【产地与分布】

保护区内西土沟有人工栽植分布。国内分布于新疆、甘肃、宁夏、内蒙古等地。

【生境】

生于荒漠和半荒漠地区的河谷。

六、蓼科 Polygonaceae

10 单脉大黄 *Rheum uninerve* Maxim.

大黄属 *Rheum*

【形态特征】

矮小草本，高15~30厘米，根较细长，无茎，根状茎顶端残存有黑褐色膜质的叶鞘。基生叶2~4片，叶片纸质，卵形或窄卵形。窄圆锥花序，2~5枝，由根状茎生出，花序梗实心或髓腔不明显；花2~4朵簇生，小苞片披针形；子房近菱状椭圆形，花柱长而反曲，柱头头状。果实宽矩圆状椭圆形，顶端圆或微凹，基部心形，膜质。种子窄卵形，深褐色。花期5~7月，果期8~9月。

【产地与分布】

保护区内西土沟、二墩内有分布。国内分布于甘肃、宁夏、内蒙古、青海等地。

【生境】

生于海拔1100~2300米的山坡砂砾地带或山路旁。

【用途】

木材供建筑、家具等用；为优良的绿化和防护林树种。

【保护等级】

列入世界自然保护联盟(IUCN)2020年濒危物种红色名录3.1版——近危(NT)。

酸模属 *Rumex*

11 巴天酸模 *Rumex patientia* L.

【别名】

洋铁叶、洋铁酸模、牛舌头棵、羊蹄。

【形态特征】

多年生草本。根肥厚。茎直立，粗壮，高90~150厘米，上部分枝，具深沟槽。基生叶长圆形或长圆状披针形，顶端急尖，基部圆形或近心形，边缘波状；茎上部叶披针形，较小，具短叶柄或近无柄；托叶鞘筒状，膜质，易破裂。花序圆锥状，大型；花两性。瘦果卵形，具3锐棱，顶端渐尖，褐色，有光泽。花期5~6月，果期6~7月。

【产地与分布】

保护区内渥洼池、西土沟湿地有分布。国内分布于东北、华北、西北、山东、河南、湖南、湖北、四川及西藏等地。

【生境】

生于海拔20~4000米的村边、路旁、潮湿地和水沟边。

【用途】

根入药，能止血、清热、利水、通便。

12 萹蓄 *Polygonum aviculare* L.

萹蓄属 *Polygonum*

【别名】

竹叶草、大蚂蚁草、扁竹。

【形态特征】

一年生草本。茎平卧、上升或直立，高10~40厘米，自基部多分枝，具纵棱。叶椭圆形，狭椭圆形或披针形，顶端钝圆或急尖，基部楔形，边缘全缘，两面无毛，下面侧脉明显；托叶鞘膜质，下部褐色，上部白色，撕裂脉明显。花单生或数朵簇生于叶腋，遍布于植株；花被5深裂，花被片椭圆形，绿色，边缘白色或淡红色。瘦果卵形，具3棱，黑褐色，密被由小点组成的细条纹，无光泽。花期5~7月，果期6~8月。

【产地与分布】

保护区内渥洼池、西土沟湿地有分布。国内分布于各地。

【生境】

生于海拔10~4200米的田边、沟边湿地。

【用途】

全草供药用，有通经利尿、清热解毒功效。

13 酸模叶蓼 *Polygonum lapathifolium* L.

蓼属 *Polygonum*

【别名】

大马蓼。

【形态特征】

一年生草本，高40~90厘米。茎直立，具分枝，无毛，节部膨大。叶披针形或宽披针形，顶端渐尖或急尖，基部楔形，上面绿色，常有一个大的黑褐色新月形斑点，两面沿中脉被短硬伏毛，全缘，边缘具粗缘毛；托叶鞘筒状，膜质，淡褐色，无毛。总状花序呈穗状，顶生或腋生，近直立，花紧密，通常由数个花穗再组成圆锥状，花序梗被腺体；花被淡红色或白色，4(5)深裂，花被片椭圆形。瘦果宽卵形，双凹，黑褐色，有光泽，包于宿存花被内。花期6~8月，果期7~9月。

【产地与分布】

保护区内渥洼池、西土沟湿地有分布。国内分布于各地。

【生境】

生于海拔30~3900米的田边、路旁、水边、荒地或沟边湿地。

【用途】

茎叶供药用，具有泄热通便、利尿、凉血止血、解毒之功效。

14 西伯利亚蓼 *Polygonum sibiricum* Laxm.

【形态特征】

多年生草本，高10~25厘米。根状茎细长。茎外倾或近直立，自基部分枝，无毛。叶片长椭圆形或披针形，无毛，顶端急尖或钝，基部戟形或楔形，边缘全缘；托叶鞘筒状，膜质，易破裂。花序圆锥状，顶生，花排列稀疏；苞片漏斗状，无毛，通常每1苞片内具4~6朵花；花被5深裂，黄绿色。瘦果卵形，具3棱，黑色，有光泽，包于宿存的花被内或凸出。花期6~7月，果期8~9月。

【产地与分布】

保护区内渥洼池、西土沟湿地有分布。国内分布于各地。

【生境】

生于海拔30~5100米的路边、湖边、河滩、山谷湿地、沙质盐碱地。

【用途】

全草入药，具有利水渗湿、解毒之功效。

木蓼属 *Atraphaxis*

15 锐枝木蓼 *Atraphaxis pungens* (Bieb.) Jaub. et Spach.

【形态特征】

灌木，高达1.5米。主干直而粗壮，多分枝，树皮灰褐色呈条状剥离；木质枝，弯拐，顶端无叶，刺状。叶宽椭圆形或倒卵形，蓝绿色或灰绿色，顶端圆，具短尖或微凹，基部圆形或宽楔形，渐狭成短柄。总状花序短，侧生于当年生枝条上；花被片5，粉红色或绿白色。瘦果卵圆形，具3棱，黑褐色，平滑，光亮。花期5~8月。

【产地与分布】

保护区内西土沟、渥洼池有分布。国内分布于新疆北部、内蒙古、甘肃、青海等地。

【生境】

生于海拔510~3400米的干旱砾石坡地及河谷漫滩。

【用途】

低等饲用植物；可作为固沙植物。

【保护等级】

列入世界自然保护联盟（IUCN）2020年濒危物种红色名录3.1版——无危（LC）。

16 戈壁沙拐枣 *Calligonum gobicum* (Beg. ex Meisn.) A.Los

沙拐枣属 *Calligonum*

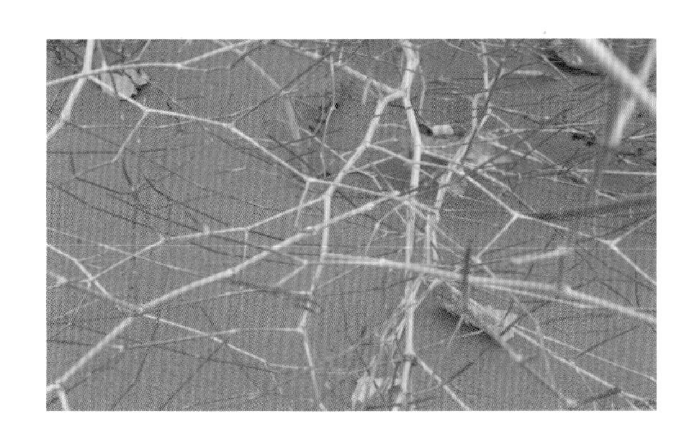

【形态特征】

灌木，高0.8~1米。老枝；木质灰色；当年生幼枝灰绿色。节间长1.5~3厘米。叶线形，长1~5毫米。花淡红色，花梗细长，长2~3毫米，中下部有关节；花被片宽椭圆形，果时反折。瘦果长圆形，不扭转或微扭转，肋钝圆，较宽，沟槽深；2行刺排于果肋边缘，每行6~9枚，通常稍长或等长于瘦果宽度，稀疏，较粗，质脆，易折断，基部稍扩大，分离，中上部或中部2次2叉分枝。果期6~7月。

【产地与分布】

保护区内西土沟、碱泉子、渥洼池、二墩有分布。国内分布于内蒙古、甘肃西部和新疆北部等地。

【生境】

生于海拔650~1600米的流动沙丘、半固定沙丘和沙地。

【用途】

干旱荒漠地区防风固沙先锋植物；具有固沙、薪柴、蜜源和饲用价值。

【保护等级】

列入世界自然保护联盟(IUCN)2020年濒危物种红色名录3.1版——无危(LC)。

17 柴达木沙拐枣 *Calligonum zaidamense* A. Los.

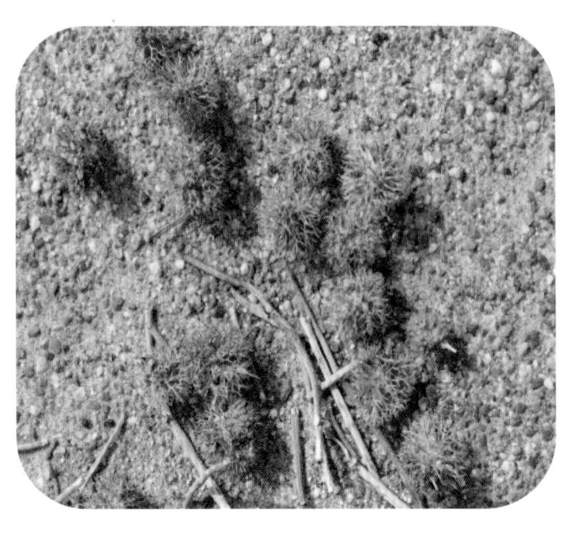

【形态特征】

灌木，高0.6~2米。老枝淡灰色或带黄灰色；幼枝灰绿色，节间长2~3厘米，向上开展。花稠密，2~4朵生叶腋。果（包括刺）宽椭圆形，长10~17毫米，宽8~15毫米；瘦果长卵形，扭转或不扭转，肋钝圆，沟槽深，肋中央生2行刺；刺细弱，较易折断，较疏或较密，基部扁，稍扩大，分离或稍连合，中部2次2叉分枝，末枝细尖。果期7月。

【产地与分布】

保护区内西土沟、二墩、渥洼池有分布。国内分布于青海柴达木盆地、新疆东部、甘肃西部等地。

【生境】

生于海拔1500~2700米的沙丘、沙砾质荒漠。

【用途】

干旱荒漠地区防风固沙先锋植物。

【保护等级】

列入世界自然保护联盟（IUCN）2020年濒危物种红色名录3.1版——无危（LC）。

18 沙拐枣 *Calligonum mongolicum* Turcz.

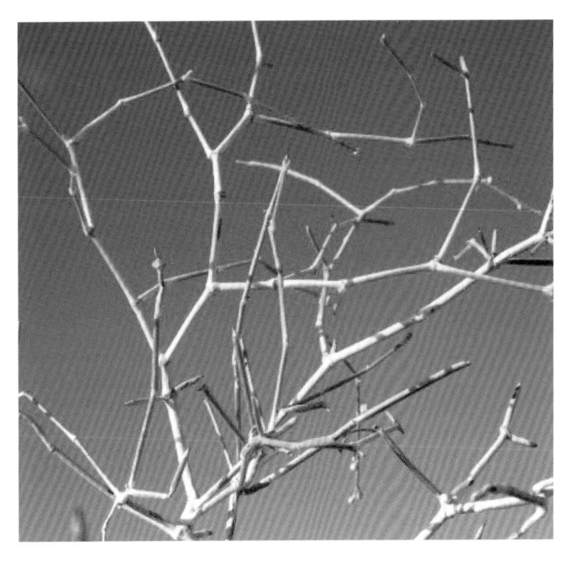

【形态特征】

灌木，高25~150厘米。老枝灰白色或淡黄灰色，开展，拐曲；当年生幼枝草质，灰绿色，有关节。叶线形。花白色或淡红色，通常2~3朵，簇生叶腋；花被片卵圆形，长约2毫米，果时水平伸展。果实（包括刺）宽椭圆形，瘦果不扭转、微扭转或极扭转，条形、窄椭圆形至宽椭圆形。花期5~7月，果期6~8月。

【产地与分布】

保护区内西土沟、二墩、渥洼池有分布。国内分布于产内蒙古中部和西部、甘肃西部及新疆东部等地。

【生境】

生于海拔500~1800米的流动沙丘、半固定沙丘、固定沙丘、沙地、沙砾质荒漠和砾质荒漠的粗沙积聚处。

【用途】

干旱荒漠地区防风固沙先锋植物。

【保护等级】

列入世界自然保护联盟（IUCN）2020年濒危物种红色名录3.1版——无危（LC）。

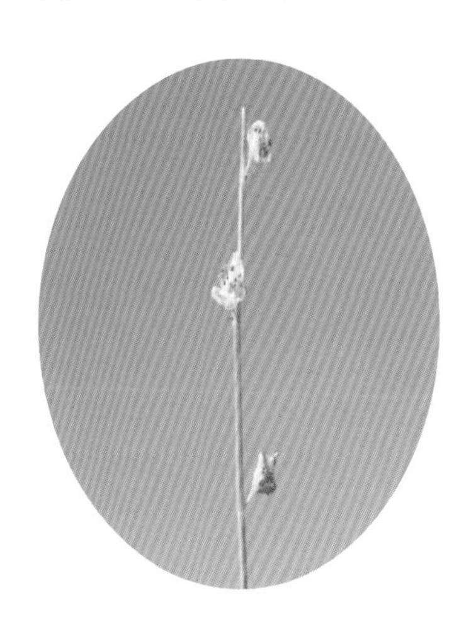

七、藜科 Chenopodiaceae

19 驼绒藜 *Krascheninnikovia ceratoides* (Linnaeus) Gueldenstaedt

驼绒藜属 *Krascheninnikovia*

【别名】

优若藜。

【形态特征】

植株高0.1~1米，分枝多集中于下部，斜展或平展。叶较小，条形、条状披针形、披针形或矩圆形，先端急尖或钝，基部渐狭、楔形或圆形，1脉，有时近基处有2条侧脉，极稀为羽状。雄花序较短，紧密；雌花管椭圆形，花管裂片角状，较长。果直立，椭圆形，被毛。花果期6~9月。

【产地与分布】

保护区内西土沟、二墩有分布。国内分布于新疆、西藏、青海、甘肃和内蒙古等地。

【生境】

生于戈壁、荒漠、半荒漠、干旱山坡或草原中。

【用途】

中上等饲用半灌木；还可用以防风固沙，保持水土。

猪毛菜属 *Salsola*

20 猪毛菜 *Salsola collina* Pall.

【形态特征】

一年生草本，高20~100厘米；茎自基部分枝，枝互生，伸展，茎、枝绿色，有白色或紫红色条纹，生短硬毛或近于无毛。叶片丝状圆柱形，伸展或微弯曲，生短硬毛，顶端有刺状尖，基部边缘膜质，稍扩展而下延。花序穗状，生枝条上部；苞片卵形，顶部延伸，有刺状尖，边缘膜质，背部有白色隆脊。种子横生或斜生。花期7~9月，果期9~10月。

【产地与分布】

保护区内渥洼池、西土沟、二墩有分布。国内分布于东北、华北、西北、西南及河南、山东、江苏等地。

【生境】

生于村边、路旁、荒地戈壁滩和含盐碱的沙质土壤上。

【用途】

全草入药，有降低血压作用；嫩茎、叶可供食用。

滨藜属 *Atriplex*

21 西伯利亚滨藜 *Atriplex sibirica* L.

【形态特征】

一年生草本，高20~50厘米。茎通常自基部分枝；枝外倾或斜伸，钝四棱形，无色条，有粉。叶片卵状三角形至菱状卵形，先端微钝，基部圆形或宽楔形，边缘具疏锯齿，近基部的1对齿较大而呈裂片状。团伞花序腋生；雄花花被5深裂，裂片宽卵形至卵形；雌花的苞片连合成筒状，仅顶缘分离，果时臌胀，略呈倒卵形。胞果扁平，卵形或近圆形；果皮膜质，白色，与种子贴伏。种子直立，红褐色或黄褐色。花期6~7月，果期8~9月。

【产地与分布】

保护区内西土沟、渥洼池、二墩有分布。国内分布于黑龙江、吉林、辽宁、内蒙古、河北北部、陕西北部、宁夏、甘肃西北部、青海北部、新疆等地。

【生境】

生于盐碱荒漠、湖边、渠沿、河岸及固定沙丘等处。

【用途】

牧草，羊和骆驼喜食，也可采集作猪饲料；果实入药，有清肝明目、祛风消肿的功效果。

22 中亚滨藜 *Atriplex centralasiatica* Iljin

【形态特征】

一年生草本,高15~30厘米。茎通常自基部分枝;枝钝四棱形,黄绿色,无色条,有粉或下部近无粉。叶片卵状三角形至菱状卵形,边缘具疏锯齿,近基部的1对锯齿较大而呈裂片状。花集成腋生团伞花序;雄花花被5深裂,裂片宽卵形;雌花的苞片近半圆形至平面钟形,边缘近基部以下合生,近基部的中心部臌胀并木质化,表面具多数疣状或肉棘状附属物,缘部草质或硬化,边缘具不等大的三角形牙齿。胞果扁平,宽卵形或圆形,果皮膜质,白色,与种子贴伏。种子直立,红褐色或黄褐色。花期7~8月,果期8~9月。

【产地与分布】

保护区内西土沟、渥洼池、二墩有分布。国内分布于产吉林、辽宁、内蒙古、河北、山西北部、陕西北部、宁夏、甘肃、青海、新疆、西藏等地。

【生境】

生于戈壁、荒地、海滨及盐土荒漠,有时也侵入田间。

【用途】

低等饲用植物,鲜草、干草均可作猪饲料;带苞的果实称“软蒺藜”,为明目、强壮、缓和药。

23 碱蓬 *Suaeda glauca* (Bunge) Bunge

碱蓬属 *Suaeda*

【形态特征】

一年生草本,高可达1米。茎直立,粗壮,圆柱状,浅绿色,有条棱,上部多分枝;枝细长,上升或斜伸。叶丝状条形,半圆柱状,灰绿色,光滑无毛,稍向上弯曲,先端微尖,基部稍收缩。花两性兼有雌性,单生或2~5朵团集,大多着生于叶的近基部处;两性花花被杯状;雌花花被近球形,较肥厚,灰绿色。胞果包在花被内,果皮膜质。种子横生或斜生,双凸镜形,黑色,表面具清晰的颗粒状点纹,稍有光泽;胚乳很少。花果期7~9月。

【产地与分布】

保护区内西土沟、二墩、渥洼池有分布。国内分布于产黑龙江、内蒙古、河北、山东、江苏、浙江、河南、山西、陕西、宁夏、甘肃、青海、新疆南部等地。

【生境】

生于海滨、荒地、渠岸、田边等含盐碱的土壤上。

【用途】

种子含油25%左右,可榨油供工业用。

【保护等级】

列入世界自然保护联盟(IUCN)2020年濒危物种红色名录3.1版——无危(LC)。

24 角果碱蓬 *Suaeda corniculata* (C.A.Mey.)Bunge

【形态特征】

一年生草本，高15~60厘米，无毛。茎平卧、外倾、或直立，圆柱形，微弯曲，淡绿色，具微条棱；分枝细瘦，斜升并稍弯曲。叶条形，半圆柱状，劲直或茎下部的稍弯曲，先端微钝或急尖，基部稍缢缩，无柄。团伞花序通常含3~6花，于分枝上排列成穗状花序；花两性兼有雌性。胞果扁，圆形，果皮与种子易脱离。种子横生或斜生，双凸镜形，种皮壳质，黑色，有光泽，表面具清晰的蜂窝状点纹，周边微钝。花果期8~9月。

【产地与分布】

保护区内西土沟、二墩、渥洼池有分布。国内分布于产黑龙江、吉林、辽宁、内蒙古、河北、宁夏、甘肃西部、青海北部、新疆等地。

【生境】

生于盐碱土荒漠、湖边、河滩等处。

【用途】

低等饲用植物；种子含油，可供食用，制肥皂、油漆、油墨和涂料；植株含碳酸钾，可作多种化工原料。

25 盐地碱蓬 *Suaeda salsa* (L.) Pall.

【别名】

黄须菜、翅碱蓬。

【形态特征】

一年生草本，高20~80厘米，绿色或紫红色。茎直立，圆柱状，黄褐色，有微条棱，无毛；分枝多集中于茎的上部，细瘦，开散或斜升。叶条形，半圆柱状，先端尖或微钝，无柄。团伞花序通常含3~5花，腋生，在分枝上排列成有间断的穗状花序；花两性，有时兼有雌性。胞果包于花被内；果皮膜质，果实成熟后常常破裂而露出种子。种子横生，双凸镜形或歪卵形，黑色，有光泽，周边钝，表面具不清晰的网点纹。花果期7~10月。

【产地与分布】

保护区内西土沟、渥洼池湿地有分布。国内分布于东北、内蒙古、河北、山西、陕西北部、宁夏、甘肃北部和西部、青海、新疆及山东、江苏、浙江等沿海地区。

【生境】

生于盐碱土，在海滩及湖边常形成单种群落。

【用途】

幼苗可作菜，北方沿海群众春夏多采食；种子也可食用；在盐地土壤中种植后对土壤起到积极的修复作用。

【保护等级】

列入世界自然保护联盟(IUCN)2020年濒危物种红色名录3.1版——无危(LC)。

轴藜属 *Axyris*

26 轴藜 *Axyris amaranthoides* L.

【形态特征】

植株高20~80厘米。茎直立,粗壮,微具纵纹,毛后期大部脱落;分枝多集中于茎中部以上,纤细,劲直。叶具短柄,顶部渐尖,具小尖头,基部渐狭,全缘,背部密被星状毛,后期秃净;基生叶大,披针形,叶脉明显;枝生叶和苞叶较小,狭披针形或狭倒卵形,边缘通常内卷。雄花序穗状;雌花花被片3,白膜质,背部密被毛,后脱落,侧生的两枚花被片大,宽卵形或近圆形,先端全缘或微具缺刻,近苞片处的花被片较小,矩圆形。果实长椭圆状倒卵形,侧扁,灰黑色,有时具浅色斑纹,光滑,顶端具一附属物;附属物冠状,其中央微凹。花果期8~9月。

【产地与分布】

保护区内西土沟有分布。国内分布于黑龙江、吉林、辽宁、河北、山西、内蒙古、陕西、甘肃、青海、新疆等地。

【生境】

生于沙质地,常见于山坡、草地、荒地、河边、田间或路旁。

雾冰藜属 *Grubovia*

27 雾冰藜 *Grubovia dasyphylla* (Fisch. & C. A. Mey.) Freitag & G. Kadereit

【别名】

肯诺藜、星状刺果藜、雾冰草。

【形态特征】

一年生草本，高20~40厘米，全株被长软毛。茎直立，分枝多，开展，细弱，后渐变硬。叶互生，肉质、线形、披针形或半圆柱形，无柄。花两性，单生或2朵簇生于叶腋，通常仅1朵发育；花无柄，花被筒密被长柔毛，上部5裂，裂片等长，果期裂片背部具锥刺状附属物，平直，坚硬，形成五角状；胞果卵圆形，上下压扁、包于花被内。种子近圆形，横生，黑褐色；胚环形。花果期7~9月。

【产地与分布】

保护区内西土沟、渥洼池有分布。国内分布于东北、华北、西北及西南等地。

【生境】

生于盐碱地、沙丘、沙质草地、河滩等处。

28 藜 *Chenopodium album* L.

【别名】

灰条菜、灰藋。

【形态特征】

一年生草本，高30~150厘米。茎直立，粗壮，具条棱及绿色或紫红色色条，多分枝；枝条斜升或开展。叶片菱状卵形至宽披针形，先端急尖或微钝，基部楔形至宽楔形，上面通常无粉；叶柄与叶片近等长，或为叶片长度的1/2。花两性，花簇于枝上部排列成或大或小的穗状圆锥状或圆锥状花序；花被裂片5，宽卵形至椭圆形，背面具纵隆脊，有粉，先端或微凹，边缘膜质。果皮与种子贴生。种子横生，双凸镜状，边缘钝，黑色，有光泽，表面具浅沟纹；胚环形。花果期5~10月。

【产地与分布】

保护区内西土沟、渥洼池有分布。国内分布于中国各地。

【生境】

生于农田、菜园、村舍附近或含有轻度盐碱的土地上。

【用途】

幼苗可作蔬菜用，茎叶可喂家畜；全草可入药，能止泻痢，止痒；果实(称灰藋子)，有些地区代“地肤子”药用。

【保护等级】

列入世界自然保护联盟(IUCN)2020年濒危物种红色名录3.1版——无危(LC)。

29 灰绿藜 *Chenopodium glaucum* L.

【别名】

灰条菜、灰藋。

【形态特征】

一年生草本，高20~40厘米。茎平卧或外倾，具条棱及绿色或紫红色色条。叶片矩圆状卵形至披针形，肥厚，先端急尖或钝，基部渐狭，边缘具缺刻状牙齿，上面无粉，平滑，下面有粉而呈灰白色，有稍带紫红色；中脉明显，黄绿色。花两性兼有雌性，通常数花聚成团伞花序，再于分枝上排列成有间断而通常短于叶的穗状或圆锥状花序。胞果顶端露出于花被外，果皮膜质，黄白色。种子扁球形，横生、斜生及直立，暗褐色或红褐色，边缘钝，表面有细点纹。花果期5~10月。

【产地与分布】

保护区内西土沟、渥洼池有分布。国内除台湾、福建、江西、广东、广西、贵州、云南诸省区外，其他各地都有分布。

【生境】

生于农田、菜园、村房、水边等有轻度盐碱的土壤上。

【用途】

适应盐碱生境的先锋植物之一；叶中富含蛋白质，可作为饲料添加剂和食品添加剂。

30 杂配藜 *Chenopodiastrum hybridum* (L.) S. Fuentes, Uotila & Borsch

麻叶藜属 *Chenopodiastrum*

【别名】

血见愁、大叶藜。

【形态特征】

一年生草本，茎高40~120厘米。茎直立，具淡黄色或紫色条棱。叶宽卵形至卵状三角形，两面均呈亮绿色，基部圆形、截形或略呈心形，边缘掌状浅裂，轮廓略呈五角形；上部叶较小，多呈三角状戟形。花两性兼有雌性，排成圆锥状花序；花被裂片5；雄蕊5。胞果双凸镜状。种子黑色，表面具明显的圆形深洼或呈凹凸不平。

【产地与分布】

保护区内西土沟、渥洼池有分布。国内分布于黑龙江、吉林、辽宁、内蒙古、河北、浙江、山西、陕西、宁夏、甘肃、四川、云南、青海、西藏、新疆。

【生境】

生于林缘、山坡灌丛间、沟沿等处。

【用途】

为最常见的农业、园艺和蔬菜作物田地中的杂草之一；幼苗可作家畜饲料，但大量食用会引起猪羊等硝酸盐中毒。

地肤属 *Kochia*

31 地肤 *Kochia scoparia* (L.) Schrad.

【别名】

扫帚苗、扫帚菜、观音菜、孔雀松、碱地肤。

【形态特征】

一年生草本，高50~100厘米。根略呈纺锤形。茎直立，圆柱状，淡绿色或带紫红色，有多数条棱；分枝稀疏，斜上。叶为平面叶，披针形或条状披针形，无毛或稍有毛；茎上部叶较小，无柄，1脉。花两性或雌性，通常1~3个生于上部叶腋，构成疏穗状圆锥状花序；花被近球形，淡绿色，花被裂片近三角形。胞果扁球形，果皮膜质，与种子离生。种子卵形，黑褐色，稍有光泽；胚环形，胚乳块状。花期6~9月，果期7~10月。

【产地与分布】

保护区内西土沟有分布。国内分布于各地。

【生境】

生于田边、路旁、荒地等处。

【用途】

幼苗可作蔬菜；果实称“地肤子”，为常用中药，能清湿热、利尿。

梭梭属 *Haloxylon*

32 梭梭 *Haloxylon ammodendron* (C. A. Mey.) Bunge

【别名】

琐琐。

【形态特征】

小乔木，高1~9米，树杆地径可达50厘米。树皮灰白色，木材坚而脆；老枝灰褐色或淡黄褐色，通常具环状裂隙；当年枝细长，斜升或弯垂。叶鳞片状，宽三角形，稍开展，先端钝，腋

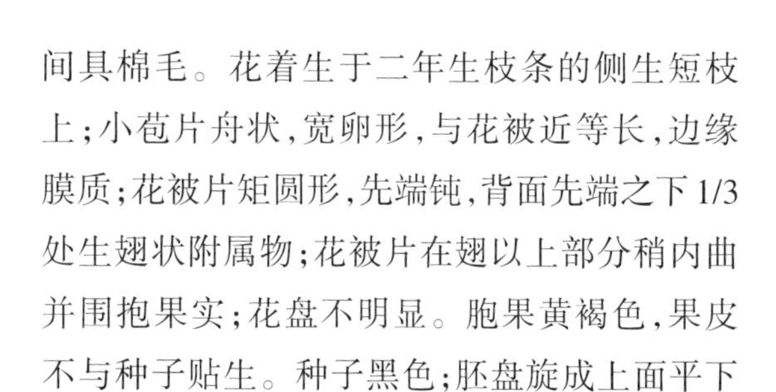

间具棉毛。花着生于二年生枝条的侧生短枝上；小苞片舟状，宽卵形，与花被近等长，边缘膜质；花被片矩圆形，先端钝，背面先端之下1/3处生翅状附属物；花被片在翅以上部分稍内曲并围抱果实；花盘不明显。胞果黄褐色，果皮不与种子贴生。种子黑色；胚盘旋成上面平下面凸的陀螺状，暗绿色。花期5~7月，果期9~10月。

【产地与分布】

保护区内二墩、西土沟、碱泉子、渥洼池有分布。国内分布于宁夏西北部、甘肃西部、青海北部、新疆、内蒙古等地。

【生境】

生于沙丘上、盐碱土荒漠、河边沙地等处。

【用途】

在沙漠地区常形成大面积纯林，有固定沙丘作用；木材可作燃料。

【保护等级】

列入世界自然保护联盟(IUCN)2020年濒危物种红色名录3.1版——无危(LC)。

合头草属 *Sympegma*

33 合头藜 *Sympema regelii* Bunge

【别名】

黑柴、合头草。

【形态特征】

直立，高可达1.5米。根粗壮，黑褐色。老枝多分枝，黄白色至灰褐色，通常具条状裂隙；当年生枝灰绿色，稍有乳头状突起，具多数单节间的腋生小枝。叶长4~10毫米，向上斜伸，先端急尖，基部收缩。花两性，通常1~3个簇生于具单节间小枝的顶端；花被片直立，草质，具膜质狭边，先端稍钝，脉显著浮凸。胞果两侧稍扁，圆形，果皮淡黄色。种子直立；胚平面螺旋状，黄绿色。花果期7~10月。

【产地与分布】

保护区内西土沟、二墩有分布。国内分布于新疆、青海北部、甘肃西北部、宁夏等地。

【生境】

生于轻盐碱化的荒漠、干山坡、冲积扇、沟沿等处。

【用途】

荒漠、半荒漠地区的优良牧草。

【保护等级】

列入世界自然保护联盟(IUCN)2020年濒危物种红色名录3.1版——无危(LC)。

盐爪爪属 *Kalidium*

34 黄毛头 *Kalidium cuspidatum* var. *sinicum* A.J.Li

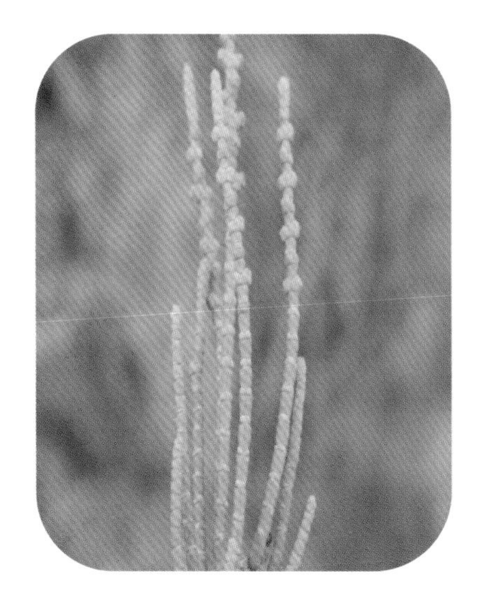

【形态特征】

小灌木，高20~40厘米。茎自基部分枝；枝近于直立，灰褐色，小枝黄绿色。叶片卵形，顶端急尖，稍内弯，基部半抱茎，下延。花排列紧密，每1苞片内有3朵花；花被合生，上部扁平成盾状，盾片成长五角形，具狭窄的翅状边缘胞果近圆形，果皮膜质；种子近圆形，淡红褐色，直径约1毫米，有乳头状小突起。花果期7~9月。

【产地与分布】

保护区内渥洼池、盐碱湿地有分布。国内分布于甘肃、宁夏、青海等地。

【生境】

生于丘陵、山坡、洪积扇边缘。

35 蛛丝蓬 *Halogeton arachnoideus* Moq.

盐生草属 *Halogeton*

【别名】

灰蓬、白茎盐生草。

【形态特征】

一年生草本，高10~40厘米。茎直立，自基部分枝；枝互生，灰白色，幼时生蛛丝状毛，以后毛脱落。叶片圆柱形，顶端钝，有时有小短尖。花通常2~3朵，簇生叶腋；小苞片卵形，边缘膜质。花被片宽披针形，膜质，背面有1条粗壮的脉。果实为胞果，果皮膜质。种子横生，圆形。花果期7~8月。

【产地与分布】

保护区内渥洼池、西土沟有分布。国内分布于山西、陕西、内蒙古、宁夏、甘肃、青海、新疆等地。

【生境】

生于干旱山坡、沙地和河滩。

【用途】

属于低等饲用植物；烧制的蓬灰，是中国西北各种风味面食中的一种辅料，常在兰州牛肉面中使用。

36 盐角草 *Salicornia europaea* L.

盐角草属 *Salicornia*

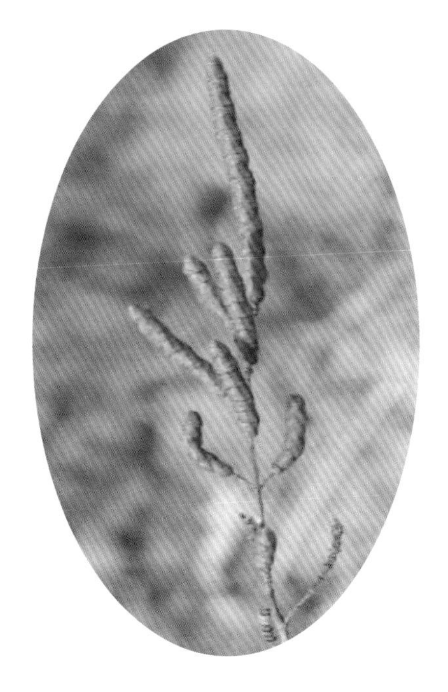

【别名】

海蓬子。

【形态特征】

一年生草本，高10~35厘米。茎直立，多分枝；枝肉质，苍绿色。叶不发育，鳞片状，顶端锐尖，基部连合成鞘状，边缘膜质。花序穗状，长1~5厘米，有短柄；花腋生，每1苞片内有3朵花，集成1簇，陷入花序轴内。果皮膜质。种子矩圆状卵形，种皮近革质，有钩状刺毛。花果期6~8月。

【产地与分布】

保护区内渥洼池、盐碱湿地有分布。国内分布于辽宁、河北、山西、陕西、宁夏、甘肃、内蒙古、青海、新疆、山东和江苏北部等地。

【生境】

生于盐碱地、盐湖旁及海边。

【用途】

全草可入药，对肝阳上亢、头晕、头痛、小便不利等有功效；种子可以制成优质食用油，是一种潜在的优良油料作物和饲料作物；耐盐植物，它可以吸收土地中的盐分，用来治理盐碱地。

八、苋科 Amaranthaceae

37 反枝苋 *Amaranthus retroflexus* L.

苋属 *Amaranthus*

【别名】

西风谷、苋菜。

【形态特征】

一年生草本，高20~80厘米，有时达1米多。茎直立，粗壮，单一或分枝，淡绿色，有时具带紫色条纹，稍具钝棱，密生短柔毛。叶片菱状卵形或椭圆状卵形，顶端锐尖或尖凹，有小凸尖，基部楔形，全缘或波状缘，两面及边缘有柔毛，下面毛较密。圆锥花序顶生及腋生，直立，由多数穗状花序形成，顶生花穗较侧生者长。胞果扁卵形，环状横裂，薄膜质，淡绿色，包裹在宿存花被片内。种子近球形，棕色或黑色，边缘钝。花期7~8月，果期8~9月。

【产地与分布】

保护区内西土沟、渥洼池有分布。国内分布于黑龙江、吉林、辽宁、内蒙古、河北、山东、山西、河南、陕西、甘肃、宁夏、新疆等地。

【生境】

生于田园内、农地旁、房屋附近的草地上，有时生在瓦房上。

【用途】

嫩茎叶为野菜，也可作家畜饲料；全草药用，治腹泻、痢疾、痔疮肿痛出血等症。

沙蓬属 *Agriophyllum*

38 沙蓬 *Agriophyllum squarrosum* (L.) Moq.

【形态特征】

植株高14~60厘米。茎直立,坚硬,浅绿色,具不明显的条棱;由基部分枝,最下部的一层分枝通常对生或轮生,平卧,上部枝条互生,斜展。叶无柄,披针形、披针状条形或条形,叶脉浮凸。穗状花序紧密,卵圆状或椭圆状,无梗,1(3)腋生;花被片1~3,膜质。果实卵圆形或椭圆形,两面扁平或背部稍凸,上部边缘略具翅缘。种子近圆形,光滑,有时具浅褐色的斑点。花果期8~10月。

【产地与分布】

保护区内西土沟、渥洼池、二墩有分布。国内分布于东北、河北、河南、山西、内蒙古、陕西、甘肃、宁夏、青海、新疆和西藏等地。

【生境】

生于沙丘或流动沙丘之背风坡上，为中国北部沙漠地区常见的沙生植物。

【用途】

种子含丰富淀粉,可食;植株可作牲畜饲料。

九、马齿苋科 Portulacaceae

39 马齿苋 *Portulaca oleracea* L.

马齿苋属 *Portulaca*

【别名】

胖娃娃菜、猪肥菜、五行菜、酸菜、狮岳菜、猪母菜、蚂蚁菜、马蛇子菜、瓜米菜、马齿菜、蚂蚱菜、马苋菜、马齿草、麻绳菜、瓜子菜、五方草、长命菜、五行草、马苋、马耳菜。

【形态特征】

一年生草本，全株无毛。茎平卧或斜倚，伏地铺散，多分枝，圆柱形，淡绿色或带暗红色。叶互生，有时近对生，叶片扁平，肥厚，倒卵形，似马齿状，顶端圆钝或平截，有时微凹，基部楔形，全缘。花无梗，常3~5朵簇生枝端，午时盛开；花瓣5，稀4，黄色，倒卵形，顶端微凹，基部合生。蒴果卵球形，盖裂。种子细小，多数，偏斜球形，黑褐色，有光泽，具小疣状凸起。花期5~8月，果期6~9月。

【产地与分布】

保护区内西土沟、渥洼池有分布。国内分布于各地。

【生境】

生于菜园、农田、路旁，为田间常见杂草。

【用途】

全草供药用，有清热利湿、解毒消肿、消炎、止渴、利尿作用；种子明目；还可作兽药和农药；嫩茎叶可作蔬菜，味酸，也是很好的饲料。

十、石竹科 Caryophyllaceae

裸果木属 *Gymnocarpos*

40 裸果木 *Gymnocarpos przewalskii* Bunge ex Maxim.

【别名】

瘦果石竹。

【形态特征】

亚灌木状，高50~100厘米。茎曲折，多分枝；树皮灰褐色，剥裂；嫩枝赭红色，节膨大。叶几无柄，叶片稍肉质，线形，略成圆柱状，顶端急尖；托叶膜质，透明，鳞片状。聚伞花序腋生；苞片白色，膜质，透明，宽椭圆形；花小，不显著；花萼下部连合，萼片倒披针形，顶端具芒尖，外面被短柔毛；花瓣无。瘦果包于宿存萼内。种子长圆形，褐色。花期5~7月，果期8月。

【产地与分布】

保护区内西土沟有分布。国内分布于内蒙古、宁夏、甘肃、青海、新疆等地。

【生境】

生于海拔1000~2500米荒漠区的干河床、戈壁滩、砾石山坡。

【用途】

嫩枝骆驼喜食；可作固沙植物。

【保护等级】

列入世界自然保护联盟(IUCN)2020年濒危物种红色名录3.1版——无危(LC)。

石头花属 *Gypsophila*

41 麦蓝菜 *Gypsophila vaccaria* (L.) Sm.

【别名】

麦蓝子、王不留行。

【形态特征】

一年生或二年生草本植物，株高可达30~70厘米，全株无毛，微被白粉，呈灰绿色。根为主根系。茎单生且直立，上部分枝。叶片卵状披针形或披针形，基部圆形或近心形，顶端急尖。伞房花序稀疏，苞片披针形，着生花梗中上部，花萼卵状圆锥形，后期微膨大呈球形，花瓣淡红色，瓣片狭倒卵形。蒴果宽卵形或近圆球形。种子近圆球形，红褐色至黑色。花期5~7月，果期6~8月。

【产地与分布】

保护区内渥洼池有分布。国内除华南外，都有分布。

【生境】

生于草坡、撂荒地或麦田中，为麦田常见杂草。

【用途】

种子具有活血通经、消肿下乳、利尿通淋等功效；种子含淀粉53%，可用来制酒和制醋；也可榨油，用作机器润滑油；苗可作为救荒野菜食用。

【保护等级】

列入世界自然保护联盟（IUCN）2020年濒危物种红色名录3.1版——无危（LC）。

十一、毛茛科 Ranunculaceae

42 黄花铁线莲 *Clematis intricata* Bunge

铁线莲属 *Clematis*

【别名】

透骨草、蔓吊秧。

【形态特征】

草质藤本。茎纤细，多分枝，有细棱。一至二回羽状复叶；小叶有柄，2~3全裂或深裂，浅裂，中间裂片线状披针形、披针形或狭卵形。聚伞花序腋生，通常为3花，有时单花；萼片4，黄色，狭卵形或长圆形，顶端尖，外面边缘有短绒毛。瘦果卵形至椭圆状卵形，扁，边缘增厚，被柔毛，宿存花柱长3.5~5厘米，被长柔毛。花期6~7月，果期8~9月。

【产地与分布】

保护区内二墩、渥洼池有分布。国内分布于青海、甘肃、陕西、山西、河北、辽宁凌源、内蒙古等地。

【生境】

生于山坡、路旁或灌丛中。

【用途】

全草作透骨草收购入药，治慢性风湿性关节炎等症；花很美丽，可栽培供观赏。

43 甘青铁线莲 *Clematis tangutica* (Maxim.)Korsh.

【别名】

陇塞铁线莲、唐古特铁线莲。

【形态特征】

落叶藤本，长1~4米。主根粗壮，木质。茎有明显的棱，幼时被长柔毛，后脱落。一回羽状复叶，有5~7小叶。花单生，有时为单聚伞花序，有3花，腋生；萼片4，黄色外面带紫色，斜上展，狭卵形、椭圆状长圆形，顶端渐尖或急尖，外面边缘有短绒毛，中间被柔毛，内面无毛。瘦果倒卵形，有长柔毛，宿存花柱长达4厘米。花期6~9月，果期9~10月。

【产地与分布】

保护区内西土沟、渥洼池有分布。国内分布于新疆、西藏、四川西部、青海、甘肃南部和东部、陕西等地。

【生境】

生于高原草地或灌丛中。

【用途】

全草入药，可健胃、消食，治消化不良、恶心。

碱毛茛属 *Halerpestes*

44 水葫芦苗 *Halerpestes cymbalaria* (Pursh) Green

【形态特征】

多年生草本。匍匐茎细长，横走。叶多数；叶片纸质，多近圆形，或肾形、宽卵形，基部圆心形、截形或宽楔形，无毛。花葶1~4条，无毛；苞片线形；萼片绿色，卵形，无毛，反折。聚合果椭圆球形；瘦果小而极多，斜倒卵形，两面稍臌起，无毛，喙极短，呈点状。花果期5~9月。

【产地与分布】

保护区内西土沟、渥洼池湿地有分布。国内分布于西藏、四川西北部、陕西、甘肃、青海、新疆、内蒙古、山西、河北、山东、辽宁、吉林、黑龙江等地。

【生境】

生于盐碱性沼泽地或湖边。

【用途】

全草可入药，有利水消肿、祛风除湿的功效。

十二、十字花科 Cruciferae

荠属 *Capsella*

45 荠 *Capsella bursa-pastoris* (L.) Medic.

【别名】

地米菜、芥、荠菜。

【形态特征】

一年或二年生草本，高(7) 10~50厘米。无毛、有单毛或分叉毛。茎直立，单一或从下部分枝。基生叶丛生呈莲座状，茎生叶窄披针形或披针形。总状花序顶生及腋生，花梗长3~8毫米，萼片长圆形；花瓣白色，卵形，有短爪。短角果倒三角形或倒心状三角形，扁平，无毛，顶端微凹，裂瓣具网脉。种子2行，长椭圆形，浅褐色。花果期4~6月。

【产地与分布】

保护区内西土沟、渥洼池有分布。全国均有分布。

【生境】

生于田野、路边及庭园。

【用途】

全草入药，有利尿、止血、清热、明目、消积功效；茎叶作蔬菜食用；种子含油20%~30%，属干性油，供制油漆及肥皂用。

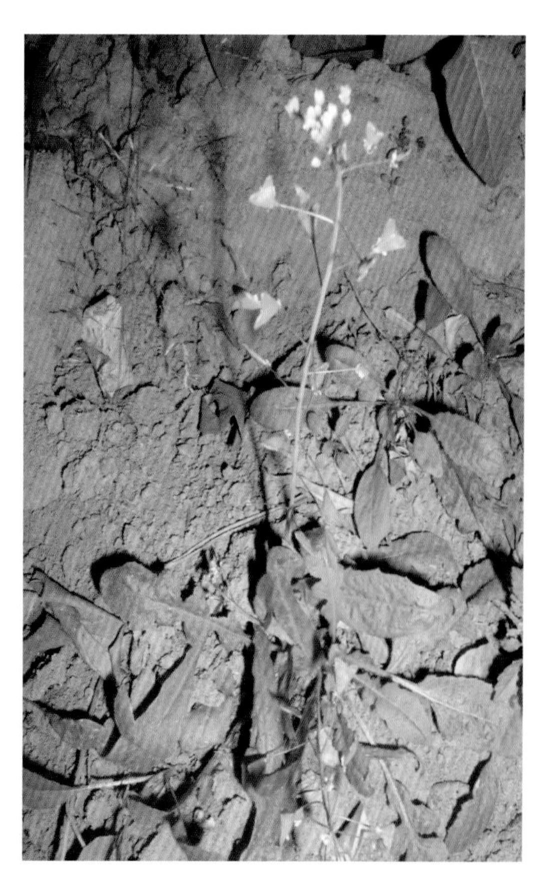

独行菜属 *Lepidium*

46 球果群心菜 *Lepidium chalepense* L.

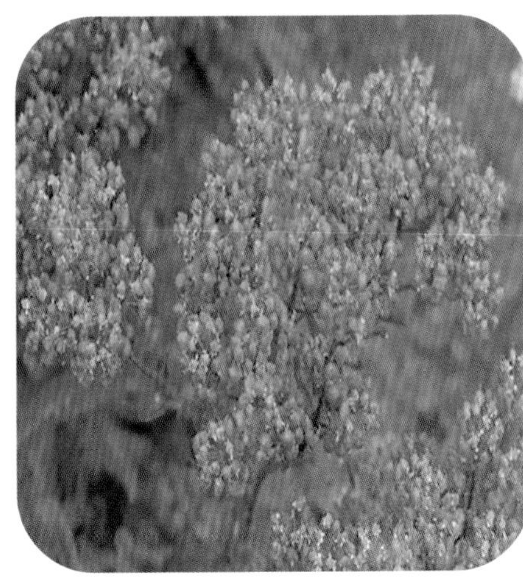

【形态特征】

茎直立，多分枝，有短单毛。基生叶倒卵状匙形，边缘有波状齿；茎生叶倒卵形、长圆形或披针形。总状花序圆锥状，萼片长圆形，花瓣白色，倒卵状匙形。短角果卵形至近球形，基部不裂，果瓣有不显明脉，无毛或幼时有微柔毛。种子宽卵圆形或椭圆形，棕色，无翅。花期5~6月，果期7~8月。

【产地与分布】

保护区内西土沟、渥洼池有分布。国内分布于甘肃、新疆、西藏等地。

【生境】

生于山谷、路边、草地、河滩、村旁。

【用途】

较好饲草，可养牛；辅助蜜源植物，泌蜜量和花粉都较丰富，花粉对蜂群的繁殖有重要意义。

47 群心菜 *Lepidium draba* Linnaeus

【形态特征】

多年生草本植物，高20~50厘米，有弯曲短单毛；以基部最多，向上渐减少。茎直立，多分枝，有短单毛。基生叶有柄，倒卵状匙形，边缘有波状齿，开花时枯萎；茎生叶倒卵形，长圆形至披针形，顶端钝，有小锐尖头。总状花序圆锥状，多分枝，在果期不伸长；萼片长圆形；花瓣白色，倒卵状匙形，顶端微缺，有爪；盛开花的花柱比子房长。短角果卵形或近球形，果瓣有脊及网纹，无毛，有明显网脉。种子1个，宽卵形或椭圆形，棕色，无翅。花期5~6月，果期7~8月。

【产地与分布】

保护区内渥洼池有分布。国内分布于辽宁、新疆等地。

【生境】

生于山坡路边、田间、河滩及水沟边。

【用途】

全草可作药用，具有抗菌消炎之功效；种子具胡椒味，可作胡椒的代用品；较好饲草，可养牛；辅助蜜源植物，泌蜜量和花粉都较丰富，花粉对蜂群的繁殖有重要意义。

48 独行菜 *Lepidium apetalum* Willd.

【别名】

腺茎独行菜、辣辣菜、拉拉罐、拉拉罐子、昌古、辣辣根、羊拉拉、小辣辣、羊辣罐、辣麻麻。

【形态特征】

一年或二年生草本，高5~30厘米。茎直立，有分枝，无毛或具微小头状毛。基生叶窄匙形，一回羽状浅裂或深裂。总状花序在果期可延长至5厘米；萼片早落，卵形，外面有柔毛；花瓣不存或退化成丝状，比萼片短。短角果近圆形或宽椭圆形，扁平，顶端微缺，上部有短翅，隔膜宽不到1毫米；果梗弧形。种子椭圆形，平滑，棕红色。花果期5~7月。

【产地与分布】

保护区内西土沟、渥洼池、二墩有分布。国内分布于东北、华北、江苏、浙江、安徽、西北、西南等地。

【生境】

生于海拔400~2000米山坡、山沟、路旁及村庄附近，为常见的田间杂草。

【用途】

嫩叶作野菜食用；全草及种子供药用，有利尿、止咳、化痰功效；种子作葶苈子用，亦可榨油。

【保护等级】

列入世界自然保护联盟（IUCN）2020年濒危物种红色名录3.1版——无危（LC）。

49 宽叶独行菜 *Lepidium latifolium* L.

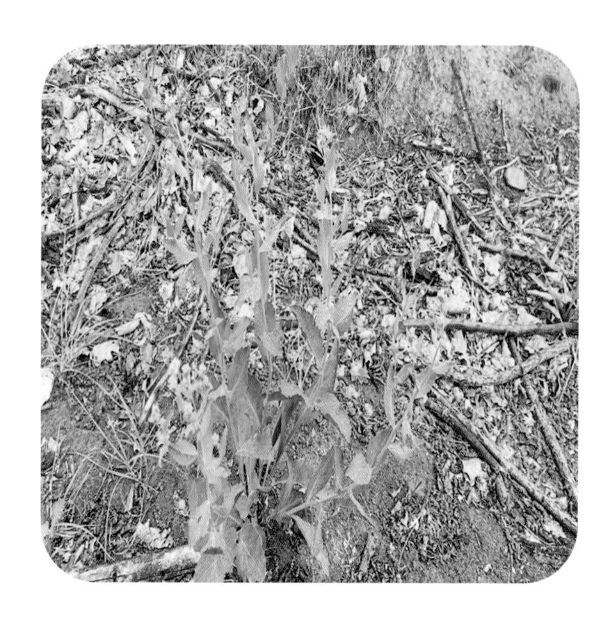

【别名】

光果宽叶独行菜。

【形态特征】

多年生草本，高30~150厘米；茎直立，上部多分枝，基部稍木质化，无毛或疏生单毛。基生叶及茎下部叶革质，长圆披针形或卵形，两面有柔毛。总状花序圆锥状；萼片脱落，卵状长圆形或近圆形；花瓣白色，倒卵形，顶端圆形，爪明显或不明显。短角果宽卵形或近圆形，顶端全缘，基部圆钝，无翅，有柔毛。种子宽椭圆形，压扁，浅棕色，无翅。花期5~7月，果期7~9月。

【产地与分布】

保护区内西土沟、渥洼池、二墩有分布。国内分布于内蒙古、西藏等地。

【生境】

生于村旁、田边、山坡及盐化草甸。

【用途】

全草入药，有清热燥湿作用，治菌痢、肠炎。

十三、蔷薇科 Rosaceae

50 蕨麻 *Argentina anserina* (L.) Rydb.

蕨麻属 *Argentina*

【别名】

鹅绒委陵菜、莲花菜、蕨麻委陵菜、延寿草、人参果、无毛蕨麻、灰叶蕨麻。

【形态特征】

多年生草本。根向下延长，有时在根的下部长成纺锤形或椭圆形块根。茎匍匐，在节处生根，常着地长出新植株，外被伏生或半开展疏柔毛或脱落几无毛。基生叶为间断羽状复叶，有小叶6~11对，叶柄被伏生或半开展疏柔毛，小叶对生或互生，小叶片通常椭圆形、倒卵椭圆形或长椭圆形，顶端圆钝，上面绿色，下面密被紧贴银白色绢毛。单花腋生；萼片三角卵形，顶端急尖或渐尖，副萼片椭圆形或椭圆披针形；花瓣黄色，倒卵形、顶端圆形，比萼片长1倍。花果期4~9月。

【产地与分布】

保护区内西土沟、渥洼池湿地有分布。国内分布于黑龙江、吉林、辽宁、内蒙古、河北、山西、陕西、甘肃、宁夏、青海、新疆、四川、云南、西藏等地。

【生境】

生于海拔500~4100米的河岸、路边、山坡草地及草甸。

【用途】

可以食用，幼嫩苗和肉质根可供蘸食；地上部分含鞣质类成分被用作收涩剂，也可作为牲畜饲料。

51 鸡冠茶 *Sibbaldianthe bifurca* (L.) Kurtto & T. Erikss.

毛莓草属 *Sibbaldianthe*

【别名】

高二裂委陵菜、小叉叶委陵菜、二裂委陵菜、长叶二裂委陵菜、矮生二裂委陵菜、痔疮草、叉叶委陵菜。

【形态特征】

多年生草本或亚灌木。根圆柱形，木质。花茎直立或上升，高5~20厘米，密被疏柔毛或微硬毛。羽状复叶，有小叶5~8对，小叶片无柄，对生稀互生，椭圆形或倒卵椭圆形，两面绿色，伏生疏柔毛。近伞房状聚伞花序，顶生，疏散；萼片卵圆形，副萼片椭圆形，外面被疏柔毛；花瓣黄色，倒卵形；心皮沿腹部有稀疏柔毛。瘦果表面光滑。花果期5~9月。

【产地与分布】

保护区内渥洼池、西土沟有分布。国内分布于内蒙古、河北、山西、陕西、甘肃、青海、宁夏、新疆、四川、西藏等地。

【生境】

生于海拔1100~4000米的山坡草地、河滩沙地及干旱草原。

【用途】

为中等饲料植物，羊与骆驼均喜食。

十四、豆科 Fabaceae

野决明属 *Thermopsis*

52 披针叶野决明 *Thermopsis lanceolata* R. Br.

【别名】

牧马豆、披针叶黄华、东方野决明。

【形态特征】

多年生草本，高12~40厘米。茎直立，具沟棱，被黄白色贴伏或伸展柔毛。3小叶，托叶叶状，卵状披针形，先端渐尖，基部楔形，上面近无毛，下面被贴伏柔毛；小叶狭长圆形、倒披针形，上面通常无毛，下面多少被贴伏柔毛。总状花序顶生，具花2~6轮，排列疏松。花冠黄色，旗瓣近圆形，先端微凹；子房密被柔毛，胚珠12~20粒。荚果线形，先端具尖喙，被细柔毛，黄褐色。种子圆肾形，黑褐色，具灰色蜡层，有光泽。花期5~7月，果期6~10月。

【产地与分布】

保护区内西土沟、渥洼池有分布。国内分布于内蒙古、河北、山西、陕西、宁夏、甘肃等地。

【生境】

生于草原沙丘、河岸和砾滩。

【用途】

植株有毒，少量供药用，有祛痰止咳功效。

草木樨属 *Melilotus*

53 白花草木樨 *Melilotus albus* Desr.

【形态特征】

一、二年生草本，高70~200厘米。茎直立，圆柱形，中空，多分枝。羽状三出复叶；托叶尖刺状锥形，全缘；小叶长圆形或倒披针状长圆形，先端钝圆，基部楔形，边缘疏生浅锯齿，上面无毛，下面被细柔毛。总状花序长9~20厘米，腋生，具花40~100朵，排列疏松；花冠白色，旗瓣椭圆形，稍长于翼瓣，龙骨瓣与冀瓣等长或稍短；子房卵状披针形，上部渐窄至花柱，无毛。荚果椭圆形至长圆形，先端锐尖，具尖喙表面脉纹细，网状，棕褐色，老熟后变黑褐色；种子卵形，棕色，表面具细瘤点。花期5~7月，果期7~9月。

【产地与分布】

保护区内渥洼池有分布。国内分布于东北、华北、西北及西南各地。

【生境】

生于田边、路旁荒地及湿润的沙地。

【用途】

优良的饲料植物与绿肥；茎叶可入药，具有清热利湿、消食除积、祛痰止咳之功效。

【保护等级】

列入世界自然保护联盟(IUCN)2020年濒危物种红色名录3.1版——无危(LC)。

54 红花刺槐 *Robinia pseudoacacia* f. *decaisneana* (Carr.) Voss

刺槐属 *Robinia*

【别名】

红花洋槐、毛刺槐。

【形态特征】

落叶乔木，为刺槐的变型。树高达25米；干皮深纵裂。枝具托叶刺。羽状复叶互生，小叶7~19，叶片卵形或长圆形，长2~5厘米，先端圆或微凹，具芒尖，基部圆形。花两性；总状花序下垂；萼具5齿，稍二唇形，反曲，翼瓣弯曲，龙骨瓣内弯；花冠粉红色，芳香。果条状长圆形，腹缝有窄翅，种子3~10。

【产地与分布】

保护区内渥洼池周边有人工栽植分布。全国各地广泛栽培。

【生境】

生于河岸、河堤、行道树等。

【用途】

园林绿地中广泛应用，可作为行道树，庭荫树；防护林树种；亦可作为饲料。

55 苜蓿 *Medicago sativa* L.

苜蓿属 *Medicago*

【别名】

三叶草、草头、苜蓿、紫苜蓿。

【形态特征】

多年生宿根草本植物。茎直立、丛生或匍匐，呈四棱形，多分枝。托叶较大，卵状披针形，小叶片呈倒卵状长圆形。总状花序；花冠紫色。果实螺旋形，熟时呈棕褐色。种子小而平滑，呈黄色或棕色。花期5~7月，果期为6~8月。

【产地与分布】

保护区内西土沟、渥洼池有分布。栽培或呈半野生状态分布于国内各地。

【生境】

生于田边、路旁、旷野、草原、河岸及沟谷等地。

【用途】

良好的牧草和绿肥作物；也可用作保护水土和护坡植物。

苦马豆属 *Sphaerophysa*

56 苦马豆 *Sphaerophysa salsula* (Pall.) DC.

【别名】

羊吹泡、红花苦豆子、苦黑子、洪呼图-额布斯、红苦豆、爆竹花、红花土豆子、羊萝泡、羊尿泡、鸦食花、泡泡豆。

【形态特征】

半灌木或多年生草本，高0.3~0.6米。茎直立或下部匍匐。枝开展，具纵棱脊，被疏至密的灰白色丁字毛。小叶11~21片，倒卵形至倒卵状长圆形，先端微凹至圆，上面疏被毛至无毛，下面被细小、白色丁字毛；总状花序常较叶长，生6~16花；花冠初呈鲜红色，后变紫红色；子房近线形，密被白色柔毛。荚果椭圆形至卵圆形，膨胀，先端圆，果瓣膜质，外面疏被白色柔毛，缝线上较密。种子肾形至近半圆形，褐色，种脐圆形凹陷。花期5~8月，果期6~9月。

【产地与分布】

保护区内西土沟、渥洼池有分布。国内分布于吉林、辽宁、内蒙古、河北、山西、陕西、宁夏、甘肃、青海、新疆等地。

【生境】

生于海拔960~3180米的山坡、草原、荒地、沙滩、戈壁绿洲、沟渠旁及盐池周围。

【用途】

植株作绿肥，还可作骆驼、山羊与绵羊的饲料；地上部分含球豆碱，入药可用于产后出血、子宫松弛及降低血压等。

锦鸡儿属 *Caragana*

57 荒漠锦鸡儿 *Caragana roborovskyi* Kom.

【别名】

枯木要里、猫耳刺、洛氏锦鸡儿。

【形态特征】

灌木，高0.3~1米，直立或外倾。老枝黄褐色，被深灰色剥裂皮；嫩枝密被白色柔毛。羽状复叶有3~6对小叶；托叶膜质，被柔毛，先端具刺尖；小叶宽倒卵形或长圆形，先端圆或锐尖，具刺尖，基部楔形，密被白色丝质柔毛。花冠黄色，旗瓣有时带紫色，倒卵圆形，基部渐狭成瓣柄，翼瓣片披针形。荚果圆筒状，被白色长柔毛，先端具尖头，花萼常宿存。花期5月，果期6~7月。

【产地与分布】

保护区内西土沟、二墩有分布。国内分布于内蒙古西部、宁夏、甘肃、青海东部、新疆等地。

【生境】

生于干山坡、山沟、黄土丘陵、沙地。

【用途】

较好的饲草之一，是家畜冬季重要牧草。

【保护等级】

列入世界自然保护联盟(IUCN)2020年濒危物种红色名录3.1版——无危(LC)。

58 猫头刺 *Oxytropis aciphylla* Ledeb.

棘豆属 *Oxytropis*

【别名】

老虎爪子、鬼见愁、刺叶柄棘豆、胀萼猫头刺。

【形态特征】

垫状矮小半灌木，高8~20厘米。根粗壮，根系发达。茎多分枝，开展，全体呈球状植丛。偶数羽状复叶；托叶膜质，彼此合生，边缘有白色长毛；小叶4~6对生，线形或长圆状线形，先端渐尖，具刺尖。1~2花组成腋生总状花序；花冠红紫色、蓝紫色或白色；子房圆柱形，花柱先端弯曲，无毛。荚果硬革质，长圆形，腹缝线深陷，密被白色贴伏柔毛。种子圆肾形，深棕色。花期5~6月，果期6~7月。

【产地与分布】

保护区内西土沟、二墩有分布。国内分布于内蒙古、陕西、宁夏、甘肃、青海、新疆等地。

【生境】

生于海拔1000~3250米的砾石质平原、薄层沙地、丘陵坡地及沙荒地上。

【用途】

可作牧草，其茎叶捣碎煮汁可治脓疮。

【保护等级】

列入世界自然保护联盟(IUCN)2020年濒危物种红色名录3.1版——无危(LC)。

59 小花棘豆 *Oxytropis glabra* (Lam.) DC.

【别名】

马绊肠、醉马草、绊肠草、苦马豆。

【形态特征】

多年生草本，高15~70厘米。茎直立，被开展疏柔毛。羽状复叶；托叶草质，卵形，被开展疏柔毛；小叶11~15，长圆状卵形或广椭圆状披针形。多花组成长圆形疏总状花序；花冠紫色；子房长圆形，密被柔毛。荚果硬膜质，长圆状广椭圆形或长圆形，膨胀，下垂，被开展的白色和黑色短柔毛。种子卵状肾形，光滑，褐色。花果期7~8月。

【产地与分布】

保护区内西土沟、二墩有分布。国内分布于甘肃、新疆等地。

【生境】

生于海拔2000米的山坡、盐碱地、河岸及沟渠边。

【用途】

全草药用，能麻醉、镇静、止痛；据记载，此种对大家畜（特别是马）有毒。

【保护等级】

列入世界自然保护联盟（IUCN）2020年濒危物种红色名录3.1版——无危（LC）。

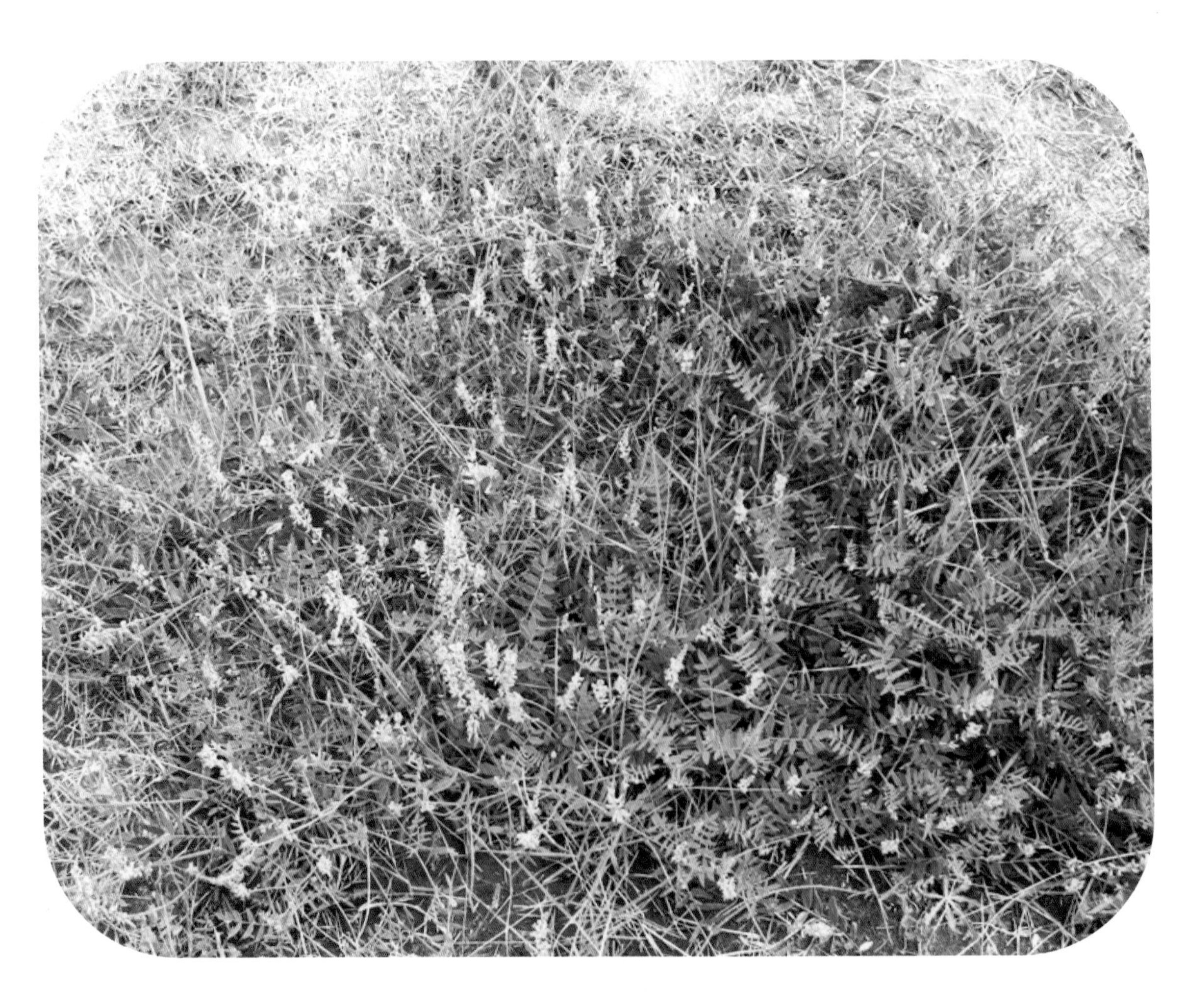

60 镰荚棘豆 *Oxytropis falcata* Bunge

【别名】

镰形棘豆。

【形态特征】

多年生草本，高1~35厘米，具黏性和特异气味。直根深，暗红色。茎缩短，木质而多分枝，丛生。羽状复叶，托叶膜质；小叶25~45，对生或互生，线状披针形、线形，先端钝尖，基部圆形，上面疏被白色长柔毛，下面密被淡褐色腺点。6~10花组成头形总状花序；花冠蓝紫色或紫红色；子房披针形，被贴伏白色短柔毛。荚果革质，宽线形，微蓝紫色，稍膨胀，略成镰刀状弯曲，被腺点和短柔毛。种子多数，肾形，棕色。花期5~8月，果期7~9月。

【产地与分布】

保护区内西土沟、二墩有分布。国内分布于甘肃、青海、新疆、四川和西藏等地。

【生境】

生于海2700~4300米的山坡、沙丘、河谷、山间宽谷、河漫滩草甸、高山草甸和阴坡云杉林下。

【用途】

可治刀伤。

【保护等级】

列入世界自然保护联盟(IUCN)2020年濒危物种红色名录3.1版——无危(LC)。

甘草属 *Glycyrrhiza*

61 胀果甘草 *Glycyrrhiza inflata* Batal.

【别名】

黄甘草、膨果甘草、甘草。

【形态特征】

多年生草本。根与根状茎粗壮，外皮褐色，里面淡黄色，有甜味。茎直立，基部带木质，多分枝，高50~150厘米。托叶小三角状披针形，褐色，早落；叶柄、叶轴均密被褐色鳞片状腺点，幼时密被短柔毛；小叶3~9枚，卵形、椭圆形或长圆形，两面被黄褐色腺点，沿脉疏被短柔毛，边缘或多或少波状。总状花序腋生，具多数疏生的花；花冠紫色或淡紫色。荚果椭圆形或长圆形，二种子间胀膨或与侧面不同程度下隔，被褐色的腺点和刺毛状腺体，疏被长柔毛。种子1~4枚，圆形，绿色。花期5~7月，果期6~10月。

【产地与分布】

保护区内西土沟、二墩有分布。国内分布于内蒙古、甘肃和新疆等地。

【生境】

生于河岸阶地、水边、农田边或荒地中。

【用途】

根和根状茎供药用；亦为适口性较好的牧草之一，各种家畜均采食。

【保护等级】

《国家重点保护野生植物名录》列为国家二级保护植物。世界自然保护联盟（IUCN）2020年濒危物种红色名录3.1版——无危（LC）。

62 甘草 *Glycyrrhiza uralensis* Fisch.

【别名】

甜草根、红甘草、粉甘草、乌拉尔甘草、甜根子、甜草、国老、甜草苗。

【形态特征】

多年生草本。根与根状茎粗状，外皮褐色，里面淡黄色，具甜味。茎直立，多分枝，高30~120厘米，密被鳞片状腺点、刺毛状腺体及白色或褐色的绒毛。托叶三角状披针形，两面密被白色短柔毛；小叶5~17枚，卵形、长卵形或近圆形，两面均密被黄褐色腺点及短柔毛。总状花序腋生，具多数花；花冠紫色、白色或黄色；子房密被刺毛状腺体。荚果弯曲呈镰刀状或呈环状，密集成球，密生瘤状突起和刺毛状腺体。种子3~11，暗绿色，圆形或肾形。花期6~8月，果期7~10月。

【产地与分布】

保护区内西土沟、二墩有分布。国内分布于东北、华北、西北及山东等地。

【生境】

生于干旱沙地、河岸沙质地、山坡草地及盐渍化土壤中。

【用途】

根和根状茎供药用，有补脾益气、润肺止咳、清热解毒和调和诸药等功效。

【保护等级】

《国家重点保护野生植物名录》列为国家二级保护植物。世界自然保护联盟(IUCN)2020年濒危物种红色名录3.1版——无危(LC)。

岩黄耆属 *Hedysarum*

63 红花岩黄耆 *Hedysarum multijugum* Maxim.

【别名】

红花山竹子、红花羊柴。

【形态特征】

半灌木或仅基部木质化而呈草本状，高可达80厘米。茎直立，多分枝。托叶卵状披针形，棕褐色干膜质，叶轴被灰白色短柔毛；小叶片阔卵形、卵圆形，上面无毛，下面被贴伏短柔毛。总状花序腋生，花序被短柔毛；花冠紫红色或玫瑰状红色，子房线形。花期6~8月，果期8~9月。

【产地与分布】

保护区内西土沟、渥洼池有分布。国内分布于四川、西藏、新疆、青海、甘肃、宁夏、陕西、山西、内蒙古、河南和湖北等地。

【生境】

生于荒漠地区的砾石质洪积扇、河滩，草原地区的砾石质山坡以及某些落叶阔叶林地区的干燥山坡和砾石河滩。

【用途】

根及根状茎可药用，有强心、利尿、消肿之功效。

【保护等级】

列入世界自然保护联盟（IUCN）2020年濒危物种红色名录3.1版——无危（LC）。

64 骆驼刺 *Alhagi camelorum* Fisch.

骆驼刺属 *Alhagi*

【别名】

骆驼草。

【形态特征】

半灌木草本植物。茎直立,有细条纹,无毛或幼茎有短柔毛。叶片互生,外形为卵形、倒卵形或倒圆卵形,顶部圆形,基部楔形,全缘,无毛。总状花序腋生,无毛,花长在刺上,花萼钟状,被短柔毛;花冠深紫红色。果线形,弯曲形状。花期6~7月,果期8~10月。

【产地与分布】

保护区内西土沟、渥洼池、二墩有分布。国内分布于内蒙古、甘肃和新疆等地。

【生境】

生于荒漠地区的沙地、河岸、农田边。

【用途】

饲用价值高,在防止土地遭受风沙侵蚀方面也具有非常重要的作用。

【保护等级】

列入世界自然保护联盟(IUCN)2020年濒危物种红色名录3.1版——无危(LC)。

十五、蒺藜科 Zygophyllaceae

65 骆驼蓬 *Peganum harmala* L.

骆驼蓬属 *Peganum*

【别名】

臭古朵、臭骨朵。

【形态特征】

多年生草本，高30~70厘米，无毛。根多数。茎直立或开展，由基部多分枝。叶互生，卵形，全裂为3~5条形或披针状条形裂片。花单生枝端，与叶对生；花瓣黄白色，倒卵状矩圆形。蒴果近球形，种子三棱形，稍弯，黑褐色、表面被小瘤状突起。花期5~6月，果期7~9月。

【产地与分布】

保护区内渥洼池有分布。国内分布于宁夏、内蒙古巴彦淖尔盟和阿拉善盟、甘肃河西、新疆、西藏等地。

【生境】

生于荒漠地带干旱草地、绿州边缘轻盐渍化沙地、壤质低山坡或河谷沙丘。

【用途】

种子可作红色染料；榨油可供轻工业用；全草入药治关节炎，又可作杀虫剂；叶子揉碎能洗涤泥垢，代肥皂用。

白刺属 *Nitraria*

66 小果白刺 *Nitraria sibirica* Pall.

【别名】

西伯利亚白刺、白刺、酸胖、哈莫儿、卡蜜、旁白日布、哈日木格。

【形态特征】

灌木，高0.5~1.5米，多分枝，枝铺散，少直立。小枝灰白色，不孕枝先端刺针状。叶近无柄，在嫩枝上4~6片簇生，倒披针形，无毛或幼时被柔毛。聚伞花序，被疏柔毛；萼片5，绿色，花瓣黄绿色或近白色。果椭圆形或近球形，两端钝圆，熟时暗红色；果核卵形，先端尖。花期5~6月，果期7~8月。

【产地与分布】

保护区内渥洼池有分布。国内分布于各沙漠地区，华北及东北沿海沙区也有分布。

【生境】

生于湖盆边缘沙地、盐渍化沙地、沿海盐化沙地。

【用途】

耐盐碱和沙埋，沙埋能生不定根，积沙形成小沙包，对湖盆和绿洲边缘沙地有良好的固沙作用；果入药健脾胃、助消化；枝、叶、果可作饲料。

【保护等级】

列入世界自然保护联盟(IUCN)2020年濒危物种红色名录3.1版——无危(LC)。

67 白刺 *Nitraria tangutorum* Bobr.

【别名】

唐古特白刺、酸胖。

【形态特征】

灌木，高1~2米。多分枝，平卧或开展；不孕枝先端刺针状；嫩枝白色。叶在嫩枝上2~3(4)片簇生，宽倒披针形。核果卵形，有时椭圆形，熟时深红色。果核狭卵形，先端短渐尖。花期5~6月，果期7~8月。

【产地与分布】

保护区内渥洼池、西土沟有分布。国内分布于陕西北部、内蒙古西部、宁夏、甘肃河西、青海、新疆及西藏东北部等地。

【生境】

生于荒漠和半荒漠的湖盆沙地、河流阶地、山前平原积沙地、有风积沙的黏土地。

【用途】

可耐盐固沙，其果实可食用或酿酒、制醋，果核可榨油；枝、叶、果可作家畜饲料；枝条平铺地面，积沙成丘，为优良固沙植物；果实入药，有健脾消食、下乳、安神的功效。

【保护等级】

列入世界自然保护联盟(IUCN)2020年濒危物种红色名录3.1版——无危(LC)。

68 泡泡刺 *Nitraria sphaerocarpa* Maxim.

【别名】

膜果白刺、球果白刺。

【形态特征】

灌木，枝平卧，长25~50厘米，不孕枝先端刺针状，嫩枝白色。叶近无柄，2~3片簇生，条形或倒披针状条形，全缘。花序长2~4厘米，被短柔毛，黄灰色；萼片5，绿色，被柔毛；花瓣白色。果未熟时披针形，先端渐尖，密被黄褐色柔毛，成熟时外果皮干膜质，膨胀成球形；果核狭纺锤形，先端渐尖，表面具蜂窝状小孔。花期5~6月，果期6~7月。

【产地与分布】

保护区内西土沟、渥洼池、二墩有分布。国内分布于内蒙古西部、甘肃河西、新疆等地。

【生境】

生于戈壁、山前平原和砾质平坦沙地。

【用途】

为灌木饲料，固沙能力也很好。

【保护等级】

列入世界自然保护联盟(IUCN)2020年濒危物种红色名录3.1版——无危(LC)。

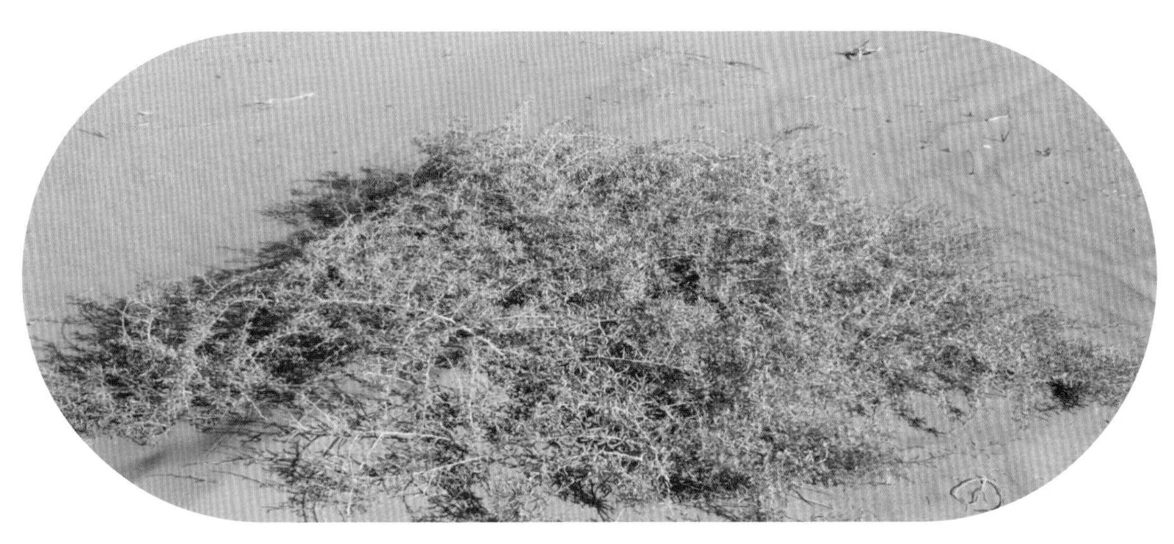

蒺藜属 *Tribulus*

69 蒺藜 *Tribulus terrestris* L.

【别名】

白蒺藜、蒺藜狗。

【形态特征】

一年生草本。茎平卧,偶数羽状复叶。小叶对生,3~8对,矩圆形或斜短圆形,被柔毛,全缘。花腋生,花黄色;花期5~8月。果有分果瓣5,硬,中部边缘有锐刺2枚,下部常有小锐刺2枚,其余部位常有小瘤体。果期6~9月。

【产地与分布】

保护区内渥洼池、西土沟有分布。国内分布于河南、河北、山东、安徽、江苏、四川、山西、陕西等地。

【生境】

生于沙地、荒地、山坡、居民点附近,田野、路旁及河边草丛。

【用途】

有降压、抗心肌缺血、延缓衰老、增强性功能等诸多功效。

【保护等级】

列入世界自然保护联盟(IUCN)2020年濒危物种红色名录3.1版——无危(LC)。

驼蹄瓣属 *Zygophyllum*

70 霸王 *Zygophyllum xanthoxylum* (Bunge) Maxim.

【形态特征】

灌木，高50~100厘米。枝弯曲，开展，皮淡灰色，木质部黄色，先端具刺尖，坚硬。叶在老枝上簇生，幼枝上对生；小叶1对，长匙形，狭矩圆形或条形，肉质。花生于老枝叶腋；萼片4，倒卵形，绿色；花瓣4，倒卵形或近圆形，淡黄色。蒴果近球形，常3室，每室有1种子。种子肾形。花期4~5月，果期7~8月。

【产地与分布】

保护区内西土沟、渥洼池有分布。国内分布于内蒙古西部、甘肃西部、宁夏西部、新疆、青海等地。

【生境】

生于荒漠和半荒漠的沙砾质河流阶地、低山山坡、碎石低丘和山前平原。

【用途】

干旱荒山造林的先锋树种之一；固沙植物，可阻挡风沙；中等饲用植物，可作家畜饲料；根为中药，具有行气宽中之功效。

【保护等级】

列入世界自然保护联盟(IUCN)2020年濒危物种红色名录3.1版——无危(LC)。

71 石生驼蹄瓣 *Zygophyllum rosowii* Bunge

【别名】

若氏霸王、石生霸王。

【形态特征】

多年生草本，株高达15厘米。根木质，茎基部多分枝，开展，无毛。托叶离生，卵形，白色膜质；小叶1对，卵形，绿色，先端纯或圆。花1~2腋生；花瓣倒卵形，与萼片近等长，先端圆，白色，下部橘红色，具爪。蒴果条状披针形，先端渐尖，稍弯或镰状弯曲，下垂；种子灰蓝色，长圆状卵形。花期4~6月，果期6~7月。

【产地与分布】

保护区内西土沟、二墩有分布。国内分布于甘肃河西、新疆等地。

【生境】

生于砾石低山坡、洪积砾石堆和石质峭壁。

72 驼蹄瓣 *Zygophyllum fabago* L.

【别名】

骆驼蹄瓣、豆型霸王、长果霸王、短果驼蹄瓣。

【形态特征】

多年生草本，高30~80厘米。根粗壮。茎多分枝，枝条开展或铺散，光滑，基部木质化。小叶1对，倒卵形、矩圆状倒卵形，质厚。花腋生；花瓣倒卵形，与萼片近等长，先端近白色，下部桔红色；蒴果矩圆形或圆柱形，5棱，下垂。种子多数，表面有斑点。花期5~6，果期6~9月。

【产地与分布】

保护区内西土沟、二墩有分布。国内分布于内蒙古西部、甘肃河西、青海和新疆等地。

【生境】

多生长于冲积平原、绿洲、湿润沙地和荒地。

十六、鼠李科 Rhamnaceae

73 枣 *Ziziphus jujuba* Mill.

枣属 *Ziziphus*

【别名】

老鼠屎、贯枣、枣子树、红枣树、大枣、枣子、枣树、扎手树、红卵树。

【形态特征】

落叶小乔木,稀灌木,高达10余米。树皮褐色或灰褐色。有长枝,短枝和无芽小枝。叶纸质,卵形,卵状椭圆形,或卵状矩圆形。花黄绿色,两性,无毛,具短总花梗,单生或2~8个密集成腋生聚伞花序;花瓣倒卵圆形,基部有爪,与雄蕊等长。核果矩圆形或长卵圆形,成熟时红色,后变红紫色。种子扁椭圆形。花期5~7月,果期8~9月。

【产地与分布】

保护区内碱泉子有人工栽植分布。国内分布于吉林、辽宁、河北、山东、山西、陕西、河南、甘肃、新疆、安徽、江苏、浙江、江西、福建、广东、广西、湖南、湖北、四川、云南、贵州等地。

【生境】

生于海拔1700米以下的山区、丘陵或平原。

【用途】

除供鲜食外,常可以制成蜜枣等,为食品工业原料;果实入药,有养胃、健脾、益血、滋补、强身之效;花期较长,芳香多蜜,为良好的蜜源植物。

十七、锦葵科 Malvaceae

74 野西瓜苗 *Hibiscus trionum* L.

木槿属 *Hibiscus*

【别名】

火炮草、黑芝麻、小秋葵、灯笼花、香铃草。

【形态特征】

一年生直立或平卧草本，高25~70厘米。茎柔软，被白色星状粗毛。叶二型，下部的叶圆形，不分裂，上部的叶掌状3~5深裂。花单生于叶腋，被星状粗硬毛；花淡黄色，内面基部紫色。蒴果长圆状球形，被粗硬毛。种子肾形，黑色，具腺状突起。花期7~10月。

【产地与分布】

保护区内西土沟、渥洼池湿地有分布。国内分布于各地。

【生境】

生于平原、山野、丘陵或田埂。

【用途】

全草和果实、种子作药用，治烫伤、烧伤、急性关节炎等；亦是常见的田间杂草。

锦葵属 *Malva*

75 锦葵 *Malva cathayensis* M. G. Gilbert, Y. Tang & Dorr

【别名】

棋盘花、气花、淑、小白淑气花、金钱紫花葵、小钱花、钱葵、荆葵。

【形态特征】

二年生或多年生直立草本，高50~90厘米，分枝多。叶圆心形或肾形，具5~7圆齿状钝裂片。花3~11朵簇生；花紫红色或白色。果扁圆形，肾形，被柔毛。种子黑褐色，肾形。花期5~10月。

【产地与分布】

保护区内渥洼池有分布。国内南自广东、广西，北至内蒙古、辽宁，东起台湾，西至新疆和西南各地，均有分布。

【用途】

花供园林观赏，地植或盆栽均宜。

十八、葡萄科 Vitaceae

76 葡萄 *Vitis vinifera* L.

葡萄属 *Vitis*

【别名】

蒲陶、草龙珠、赐紫樱桃、菩提子、山葫芦。

【形态特征】

木质藤本。小枝圆柱形，有纵棱纹。卷须2叉分枝，每隔2节间断与叶对生。叶卵圆形，显著3~5浅裂或中裂。圆锥花序密集或疏散，多花，与叶对生；花蕾倒卵圆形。果实球形或椭圆形。种子倒卵椭圆形，基部有短喙，种脐在种子背面中部呈椭圆形。花期4~5月，果期8~9月。

【产地与分布】

保护区二墩保护站有人工栽植分布。国内分布于河北、河南、山西等地。

【生境】

生于疏松肥沃的沙质土。

【用途】

著名水果，生食或制葡萄干，并酿酒，酿酒后的酒脚可提酒食酸；根和藤药用能止呕、安胎。

十九、柽柳科 Tamaricaceae

红砂属 *Reaumuria*

77 红砂 *Reaumuria songarica* (Pall.)Maxim.

【别名】

琵琶柴。

【形态特征】

小灌木，仰卧，高10~30(70)厘米。多分枝，老枝灰褐色，树皮为不规则的波状剥裂，小枝多拐曲，皮灰白色，粗糙，纵裂。叶肉质，短圆柱形，鳞片状，具点状的泌盐腺体。小枝常呈淡红色。花单生叶腋(实为生在极度短缩的小枝顶端)，或在幼枝上端集为少花的总状花序状；花瓣5，白色略带淡红。蒴果长椭圆形或纺锤形，或作三棱锥形，具3棱。种子长圆形，先端渐尖，基部变狭，全部被黑褐色毛。花期7~8月，果期8~9月。

【产地与分布】

保护区内西土沟、渥洼池有分布。国内分布于新疆、青海、甘肃、宁夏和内蒙古，直到东北地区西部。

【生境】

生于荒漠地区的山前冲积、洪积平原上、戈壁侵蚀面、低地边缘、壤土。

【用途】

可在草场种植，供放牧羊群和骆驼之用。

78 刚毛柽柳 *Tamarix hispida* Willd

柽柳属 *Tamarix*

【别名】

毛红柳。

【形态特征】

灌木或小乔木状，高1.5~4(6)米。老枝树皮红棕色，或浅红黄灰色，幼枝淡红或赭灰色，全体密被单细胞短直毛。木质化生长枝上的叶卵状披针形或狭披针形。总状花序，夏秋生当年枝顶，集成顶生大型紧缩圆锥花序；花瓣5，紫红色或鲜红色，通常倒卵形至长圆状椭圆形，早落。蒴果狭长锥形瓶状，壁薄，颜色有金黄色、淡红色、鲜红色以至紫色，含种子约15粒。花期7~9月。

【产地与分布】

保护区内西土沟有分布。国内分布于新疆、青海柴达木、甘肃河西、宁夏北部和内蒙古西部至磴口等地。

【生境】

生于荒漠区域河漫滩冲积、淤积平原和湖盆边缘的潮湿和松陷盐土上，盐碱化草甸和沙丘间。

【用途】

秋季开花，极美丽，适于荒漠地区低湿盐碱沙化地固沙、绿化造林之用，并作薪柴用。

【保护等级】

列入世界自然保护联盟(IUCN)2020年濒危物种红色名录3.1版——无危(LC)。

79 细穗柽柳 *Tamarix leptostachya* Bunge

【形态特征】

灌木,高1~5米。多分枝,老枝黑灰或红灰色,木质化一年生枝灰紫色或红黄色。总状花序细长,总花梗长0.5~2.5厘米;苞片钻形,渐尖,与花梗等长;花小;花萼长0.7~0.9毫米,萼片卵形;花瓣淡紫红色或粉红色;花柱3。蒴果细。花期6月上半月至7月上半月。

【产地与分布】

保护区内西土沟、渥洼池有分布。国内分布于新疆、青海柴达木、甘肃河西、宁夏北部、内蒙古西部至磴口等地。

【生境】

生于荒漠地区盆地下游的潮湿和松陷盐土上，丘间低地，河湖沿岸，河漫滩和灌溉绿洲的盐土上。

【用途】

荒漠盐土绿化造林的良好树种;也可作为薪柴之用。

80 多枝柽柳 *Tamarix ramosissima* Ledeb.

【别名】

红柳。

【形态特征】

灌木或小乔木状,高1~3(6)米。老杆和老枝的树皮暗灰色,当年生木质化的生长枝淡红或橙黄色。木质化生长枝上的叶披针形。总状花序生在当年生枝顶,集成顶生圆锥花序;花瓣粉红色或紫色,倒卵形至阔椭圆状倒卵形;子房锥形瓶状具三棱,花柱3,棍棒状。蒴果三棱圆锥形瓶状。花期5~9月。

【产地与分布】

保护区内西土沟、渥洼池有分布。国内分布于西藏西部、新疆、青海柴达木、甘肃河西、内蒙古西部至临河和宁夏北部等地。

【生境】

生于河漫滩、河谷阶地上，沙质和黏土质盐碱化的平原上，沙丘上，每集沙成为风植沙滩。

【用途】

是沙漠地区固沙造林和盐碱地上绿化造林的优良树种;枝条编筐用;嫩枝叶是羊和骆驼的好饲料。

【保护等级】

列入世界自然保护联盟(IUCN)2020年濒危物种红色名录3.1版——无危(LC)。

81 多花柽柳 *Tamarix hohenackeri* Bunge

【形态特征】

灌木或小乔木，高1~3(6)米。老枝树皮灰褐色，二年生枝条暗红紫色。绿色营养枝上的叶小，线状披针形或卵状披针形；木质化生长枝上的叶几抱茎，卵状披针形。春夏季均开花：春季开花，总状花序侧生在去年生的木质化的生长枝上；夏季开花，总状花序顶生在当年生幼枝顶端，集生成疏松或稠密的短圆锥花序；花瓣卵形，卵状椭圆形，近圆形，玫瑰色或粉红色，常互相靠合致花冠呈鼓形或球形，果时宿存。蒴果长4~5毫米，超出花萼4倍。花期，春季开花5~6月上旬，夏季开花直到秋季。

【产地与分布】

保护区内西土沟、渥洼池有分布。国内分布于新疆、青海柴达木、甘肃河西、宁夏北部和内蒙古西部等地。

【生境】

生于荒漠河岸林中，荒漠河、湖沿岸沙地广阔的冲积淤积平原上的轻度盐渍化土壤上。

【用途】

适于荒漠地区绿化固沙造林之用。

【保护等级】

列入世界自然保护联盟(IUCN)2020年濒危物种红色名录3.1版——无危(LC)。

二十、胡颓子科 Elaeagnaceae

82 沙枣 *Elaeagnus angustifolia* L.

胡颓子属 *Elaeagnus*

【别名】

银柳、桂香柳、香柳、银芽柳、棉花柳。

【形态特征】

落叶乔木或小乔木，高5~10米，无刺或具刺。幼枝密被银白色鳞片，老枝鳞片脱落，红棕色，光亮。叶薄纸质，矩圆状披针形至线状披针形。花银白色，直立或近直立，密被银白色鳞片，芳香。果实椭圆形，粉红色，密被银白色鳞片。花期5~6月，果期9月。

【产地与分布】

保护区内渥洼池有分布。国内分布于辽宁、河北、山西、河南、陕西、甘肃、内蒙古、宁夏、新疆、青海等地。

【生境】

生于山地、平原、沙滩、荒漠。

【用途】

果实可以生食或熟食，亦可酿酒、制醋酱、糕点等食品；果实和叶可作牲畜饲料；花可提芳香油，作调香原料，用于化妆、皂用香精中；亦是密源植物；木材坚韧细密，可作家具、农具，亦可作燃料，是沙漠地区农村燃料的主要来源之一；可用来营造防护林、防沙林、用材林和风景林。

【保护等级】

列入世界自然保护联盟(IUCN)2020年濒危物种红色名录3.1版——无危(LC)。

二十一、柳叶菜科 Onagraceae

柳叶菜属 *Epilobium*

83 沼生柳叶菜 *Epilobium palustre* L.

【别名】

水湿柳叶菜、沼泽柳叶菜、独木牛。

【形态特征】

多年生直立草本。自茎基部底下或地上生出纤细的越冬匍匐枝，长5~50厘米，稀疏的节上生成对的叶。茎高(5)15~70厘米，不分枝或分枝。叶对生，花序上的互生，近线形至狭披针形。花近直立，花蕾椭圆状卵形；花瓣白色至粉红色或玫瑰紫色，倒心形。蒴果长3~9厘米，被曲柔毛。种子棱形至狭倒卵状，褐色，表面具细小乳突。花期6~8月，果期8~9月。

【产地与分布】

保护区内西土沟、渥洼池湿地有分布。国内分布于黑龙江、吉林、辽宁、内蒙古、河北、山西、陕西、甘肃、青海、新疆、四川、云南及西藏等地。

【生境】

生于湖塘、沼泽、河谷、溪沟旁、亚高山与高山草地湿润处。

【用途】

全草入药，可清热消炎、镇咳、疏风。

【保护等级】

列入世界自然保护联盟(IUCN)2020年濒危物种红色名录3.1版——无危(LC)。

二十二、锁阳科 Cynomoriaceae

84 锁阳 *Cynomorium songaricum* Rupr.

锁阳属 *Cynomorium*

【别名】

羊锁不拉、地毛球、乌兰高腰。

【形态特征】

多年生肉质寄生草本，无叶绿素，全株红棕色，高15~100厘米，大部分埋于沙中。茎圆柱状，直立、棕褐色，埋于沙中的茎具有细小须根。茎上着生螺旋状排列脱落性鳞片叶，中部或基部较密集，向上渐疏；鳞片叶卵状三角形，先端尖。肉穗花序生于茎顶，伸出地面，棒状；其上着生非常密集的小花，雄花、雌花和两性相伴杂生，有香气，花序中散生鳞片状叶。果为小坚果状，多数非常小，近球形或椭圆形，果皮白色。种子近球形，深红色，种皮坚硬而厚。花期5~7月，果期6~7月。

【产地与分布】

保护区内碱泉子有分布。国内分布于新疆、青海、甘肃、宁夏、内蒙古、陕西等地。

【生境】

生于荒漠草原，草原化荒漠与荒漠地带的河边、湖边、池边等生境。

【用途】

肉质茎供药用，能补肾、益精、润燥；肉质茎富含鞣质，可提炼栲胶；含淀粉，可酿酒；饲料及代食品。

【保护等级】

《国家重点保护野生植物名录》列为国家二级保护植物。世界自然保护联盟(IUCN) 2020年濒危物种红色名录3.1版——无危(LC)。

二十三、伞形科 Umbelliferae

85 沙生阿魏 *Ferula dubjanskyi* Korov. ex Pavlov

阿魏属 *Ferula*

【形态特征】

多年生草本，高50~70厘米。根纺锤形或圆柱形，根颈上残存有枯萎叶鞘纤维。茎细，单一，二回分枝，枝互生，小枝对生或互生。基生叶广椭圆形，三回羽状全裂，末回裂片椭圆形。复伞形花序生于茎枝顶端；花瓣黄色，椭圆形，顶端渐尖，向内弯曲。分生果椭圆形，背腹扁压，背部突起。花期6月，果期7月。

【产地与分布】

保护区内西土沟有分布。国内分布于新疆、甘肃等地。

【生境】

生于沙漠和戈壁荒漠中的沙地和沙丘上。

【保护等级】

世界自然保护联盟(IUCN)2020年濒危物种红色名录3.1版——无危(LC)。

二十四、报春花科 Primulaceae

86 海乳草 *Lysimachia maritima* (L.) Galasso, Banfi & Soldano

珍珠菜属 *Lysimachia*

【别名】

西尚。

【形态特征】

多年生小草本，高5~25厘米。根常数条束生，较粗壮。茎直立或斜生，通常单一或下部分枝，无毛。叶密集，肉质，交互对生、近对生或互生；叶片线形、长圆状披针形至卵状披针形，全缘。花小，腋生；子房卵形，胚珠8~9枚。蒴果卵状球形，顶端瓣裂。种子棕褐色，近椭圆形，种皮具网纹。花期6月，果期7~8月。

【产地与分布】

保护区内西土沟、渥洼池湿地有分布。国内分布于黑龙江、吉林、辽宁、内蒙古、北京、河北、山西、陕西、甘肃、青海、新疆、山东、河南、西藏等地。

【生境】

生于低湿草甸、高山河湖边沼泽、河滩、湖边草甸、阶地、路边、湿草甸、水边湿地等处。

【用途】

中等饲用植物，茎细柔软，是牲畜采食的主要牧草之一。

二十五、白花丹科 Plumbaginaceae

87 黄花补血草 *Limonium aureum* (L.) Hill.

补血草属 *Limonium*

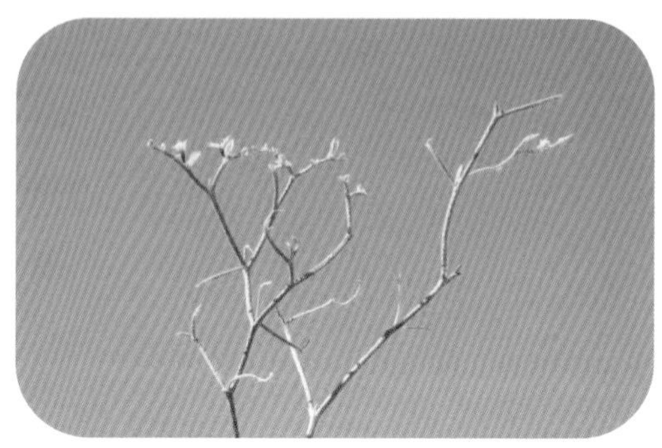

【别名】

金色补血草、黄花矾松、金匙叶草、金佛花、石花子、干活草、黄果子白、黄花刨蝇架、黄花矾松。

【形态特征】

多年生草本，高4~35厘米。茎基往往被有残存的叶柄和红褐色芽鳞。叶基生，常早凋，通常长圆状匙形至倒披针形。花序圆锥状，花序轴2至多数，绿色，密被疣状突起；穗状花序位于上部分枝顶端，由3~5(7)个小穗组成；花冠橙黄色。花期6~8月，果期7~8月。

【产地与分布】

保护区内二墩有分布。国内分布于东北、华北和西北各地。

【生境】

生于土质含盐的砾石滩、黄土坡和沙土地上。

【用途】

花萼和根为民间草药，花萼治妇女月经不调、鼻衄、带下；干旱荒漠地区为数不多的野生花卉之一，花色艳美、繁密华贵，是难得的纯黄色宿根花卉品种。

【保护等级】

世界自然保护联盟(IUCN)2020年濒危物种红色名录3.1版——无危(LC)。

二十六、夹竹桃科 Apocynaceae

罗布麻属 *Apocynum*

88 罗布麻 *Apocynum venetum* L.

【别名】

红麻、茶叶花、红柳子、羊肚拉角。

【形态特征】

直立半灌木，高1.5~3米。具乳汁。枝条对生或互生，圆筒形，光滑无毛，紫红色或淡红色。叶对生，叶片椭圆状披针形至卵圆状长圆形，叶缘具细牙齿，两面无毛。圆锥状聚伞花序一至多歧，通常顶生，有时腋生；花冠圆筒状钟形，紫红色或粉红色，两面密被颗粒状突起；子房由2枚离生心皮所组成，被白色茸毛。蓇葖2，平行或叉生，下垂。种子多数，卵圆状长圆形，黄褐色，顶端有一簇白色绢质的种毛。花期4~9月（盛开期6~7月），果期7~12月（成熟期9~10月）。

【产地与分布】

保护区内西土沟有分布。国内分布于辽宁、吉林、内蒙古、甘肃、新疆、陕西、山西、山东、河南、河北、江苏及安徽北部等地。

【生境】

生于盐碱荒地和沙漠边缘及河流两岸、冲积平原、河泊周围及戈壁荒滩上。

【用途】

其茎皮纤维为高级衣料、渔网丝、皮革线、高级用纸等原料；叶含胶量达4%~5%，可作轮胎原料；嫩叶蒸炒揉制后当茶叶饮用，有清凉去火、防止头晕和强心的功用；种毛白色绢质，可作填充物；麻秆剥皮后可作建筑保暖材料；根部含有生物碱供药用；本种花多，具有发达的蜜腺，是一种良好的蜜源植物。

【保护等级】

世界自然保护联盟（IUCN）2020年濒危物种红色名录3.1版——无危（LC）。

89 白麻 *Apocynum pictum* Schrenk

【别名】

大叶白麻。

【形态特征】

直立半灌木，高0.5~2.5米。植株含乳汁。枝条倾向茎的中轴，无毛。叶坚纸质，互生，叶片椭圆形至卵状椭圆形。圆锥状的聚伞花序一至多歧，顶生；花冠骨盆状，下垂，外面粉红色，内面稍带紫色，两面均具颗粒状凸起。子房半下位，由2枚离生心皮所组成。蓇葖2枚，叉生或平行，倒垂。种子卵状长圆形，顶端具一簇白色绢质的种毛。花期4~9月（盛开期6~7月），果期7~12月（成熟期9~10月）。

【产地与分布】

保护区内西土沟有分布。国内分布于新疆、青海和甘肃等地。

【生境】

生于盐碱荒地和沙漠边缘及河流两岸冲积平原水田和湖泊周围。

【用途】

其茎皮纤维为高级衣料、渔网丝、皮革线、高级用纸等原料；叶含胶，可作轮胎原料；嫩叶蒸炒揉制后当茶叶饮用，有清凉去火、防止头晕和强心的功用；种毛白色绢质，可作填充物；麻秆剥皮后可作建筑保暖材料；花较大，腺体发达，是良好的蜜源植物。

【保护等级】

世界自然保护联盟（IUCN）2020年濒危物种红色名录3.1版——无危（LC）。

二十七、萝藦科 Asclepiadaceae

鹅绒藤属 *Cynanchum*

90 戟叶鹅绒藤 *Cynanchum acutum* subsp. *sibiricum* (Willdenow) K.H.Rechinger

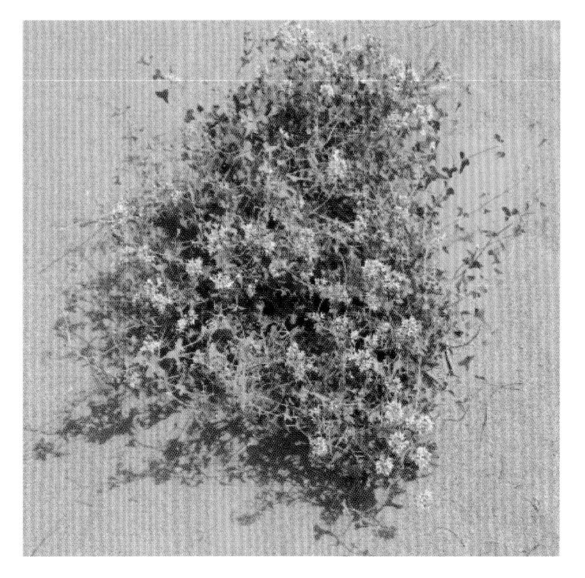

【别名】

羊角子草。

【形态特征】

藤本。木质根，灰黄色。茎缠绕，下部多分枝，节上被长柔毛，节间被微柔毛或无毛。叶纸质，三角状或长圆状戟形。聚伞花序伞形或伞房状，1~4个丛生，每花序有1~8朵花；花冠紫色后变淡红或淡白色，裂片狭卵形或长圆形，顶端钝，两面无毛；柱头2裂。蓇葖单生，披针形、狭卵形或线形。种子长圆状卵形，顶端截平。花期5~8月，果期8~12月。

【产地与分布】

保护区内西土沟、渥洼池有分布。国内分布于河北、宁夏、甘肃和新疆等地。

【生境】

生于干旱、荒漠灰钙土洼地。

【用途】

茎和根入药可化湿利水，祛风止痛，清热解毒。

【保护等级】

世界自然保护联盟（IUCN）2020年濒危物种红色名录3.1版——无危（LC）。

91 鹅绒藤 *Cynanchum chinense* R.Br.

【别名】

祖子花。

【形态特征】

缠绕草本。主根圆柱状，干后灰黄色；全株被短柔毛。叶对生，薄纸质，宽三角状心形，顶端锐尖，基部心形。伞形聚伞花序腋生，两歧，着花约20朵；花冠白色，裂片长圆状披针形。蓇葖双生或仅有1个发育，细圆柱状，向端部渐尖。种子长圆形；种毛白色绢质。花期6~8月，果期8~10月。

【产地与分布】

保护区内西土沟、渥洼池有分布。国内分布于辽宁、河北、河南、山东、山西、陕西、宁夏、甘肃、江苏、浙江等地。

【生境】

生于海拔500米以下的山坡向阳灌木丛中或路旁、河畔、田埂边。

【用途】

全株可作驱风剂；茎中的白色浆乳汁及根均可入药，具有清热解毒、消积健胃、利水消肿等功效；也可用于荒野的山石、护坡绿化。

【保护等级】

世界自然保护联盟(IUCN)2020年濒危物种红色名录3.1版——无危(LC)。

二十八、旋花科 Convolvulaceae

旋花属 *Convolvulus*

92 田旋花 *Convolvulus arvensis* L.

【别名】

田福花、燕子草、小旋花、三齿草藤、面根藤、白花藤、扶秧苗、扶田秧、箭叶旋花、中国旋花、狗狗秧、野牵牛、拉拉菀。

【形态特征】

多年生草本。根状茎横走，茎平卧或缠绕，有条纹及棱角。叶卵状长圆形至披针形；叶脉羽状，基部掌状。花序腋生，1或有时2~3至多花；花冠宽漏斗形，白色或粉红色，或白色具粉红或红色的瓣中带，或粉红色具红色或白色的瓣中带，5浅裂。蒴果卵状球形，或圆锥形，无毛。种子4，卵圆形，无毛，暗褐色或黑色。

【产地与分布】

保护区内渥洼池有分布。国内分布于吉林、黑龙江、辽宁、河北、河南、山东、山西、陕西、甘肃、宁夏、新疆、内蒙古、江苏、四川、青海、西藏等地。

【生境】

生于耕地及荒坡草地上。

【用途】

全草入药，可调经活血，滋阴补虚；亦可用于饲喂牛羊，是很好的营养性饲料。

93 打碗花 *Calystegia hederacea* Wall.

打碗花属 *Calystegia*

【别名】

老母猪草、旋花苦蔓、扶子苗、扶苗、狗儿秧、小旋花、狗耳苗、狗耳丸、喇叭花、钩耳蕨、面根藤、走丝牡丹、扶秧、扶七秧子、兔儿苗、傅斯劳草、富苗秧、兔耳草、盘肠参、蒲地参、燕覆子、小昼颜、篱打碗花。

【形态特征】

一年生草本，全体不被毛，植株高8~30(40)厘米，常自基部分枝，具细长白色的根。茎细，平卧，有细棱。基部叶片长圆形，上部叶片3裂，中裂片长圆形或长圆状披针形，侧裂片近三角形。花腋生，1朵；花冠淡紫色或淡红色，钟状，冠檐近截形或微裂；子房无毛，柱头2裂，裂片长圆形，扁平。蒴果卵球形，宿存萼片与之近等长或稍短。种子黑褐色，表面有小疣。

【产地与分布】

保护区内西土沟有分布。国内分布于各地。

【生境】

生于农田、荒地、路旁。

【用途】

根药用，治妇女月经不调，红、白带下；嫩茎叶可作汤、炒食或做馅等。

【保护等级】

世界自然保护联盟(IUCN)2020年濒危物种红色名录3.1版——无危(LC)。

94 菟丝子 *Cuscuta chinensis* Lam.

菟丝子属 *Cuscuta*

【别名】

朱匣琼瓦、禅真、雷真子、无娘藤、无根藤、无叶藤、黄丝藤、鸡血藤、金丝藤、无根草、山麻子、豆阎王、龙须子、豆寄生、黄丝、日本菟丝子。

【形态特征】

一年生寄生草本。茎缠绕，黄色，纤细，无叶。花序侧生，少花或多花簇生成小伞形或小团伞花序；花冠白色，壶形，裂片三角状卵形，宿存；子房近球形，花柱2。蒴果球形，成熟时整齐的周裂。种子2~4，淡褐色，卵形，表面粗糙。

【产地与分布】

保护区内西土沟有分布。国内分布于黑龙江、吉林、辽宁、河北、山西、陕西、宁夏、甘肃、内蒙古、新疆、山东、江苏、安徽、河南、浙江、福建、四川、云南等地。

【生境】

生于海拔200~3000米的田边、山坡阳处、路边灌丛或海边沙丘。

【用途】

种子药用，有补肝肾、益精壮阳、止泻的功能。

【其他】

本种为大豆产区的有害杂草，并对胡麻、苎麻、花生、马铃薯等农作物也有危害。

二十九、紫草科 Boraginaceae

软紫草属 *Arnebia*

95 假紫草 *Arnebia guttata* Bunge

【别名】

滴紫筒草、蒙紫草。

【形态特征】

多年生草本。根含紫色物质。茎通常2~4条,直立,多分枝,高10~25厘米,密生开展的长硬毛和短伏毛。叶无柄,匙状线形至线形,两面密生具基盘的白色长硬毛。镰状聚伞花序,含多数花;花冠黄色,筒状钟形,外面有短柔毛。小坚果三角状卵形,淡黄褐色,有疣状突起。花果期6~10月。

【产地与分布】

保护区内西土沟有分布。国内分布于甘肃、新疆等地。

【生境】

生于荒漠化草原及荒漠。

【用途】

根入药,治麻疹不透、斑疹、便秘、腮腺炎等症。

鹤虱属 *Lappula*

96 狭果鹤虱 *Lappula semiglabra* (Ledeb.) Gurke

【形态特征】

一年生草本。茎高15~30厘米，多分枝，有白色糙毛。基生叶多数，呈莲座状，匙形或狭长圆形或线状披针形；花冠淡蓝色，钟状，裂片圆钝。小坚果4，皆同形，狭披针形，背面散生疣状突起，沿中线的龙骨突起上通常具短刺或疣状突起，边缘具1行锚状刺。花果期6~9月。

【产地与分布】

保护区内渥洼池有分布。国内分布于新疆、青海、甘肃等地。

【生境】

生于山前洪积扇碎石坡、沙丘间及荒漠地带。

三十、马鞭草科 Verbenaceae

97 蒙古莸 *Caryopteris mongholica* Bunge

莸属 *Caryopteris*

【别名】

兰花茶、山狼毒、白沙蒿。

【形态特征】

落叶小灌木，常自基部即分枝，高0.3~1.5米。嫩枝紫褐色，圆柱形，有毛，老枝毛渐脱落。叶片厚纸质，线状披针形或线状长圆形，表面深绿色，稍被细毛，背面密生灰白色绒毛。聚伞花序腋生，无苞片和小苞片；花冠蓝紫色，外面被短毛，5裂；子房长圆形，无毛。蒴果椭圆状球形，无毛，果瓣具翅。花果期8~10月。

【产地与分布】

保护区内渥洼池有分布。国内分布于河北、山西、陕西、内蒙古、甘肃等地。

【生境】

生于海拔1100~1250米的干旱坡地，沙丘荒野及干旱碱质土壤上。

【用途】

全草入药，可消食理气、祛风湿、活血止痛；花和叶可提芳香油，又可庭园栽培供观赏。

【保护等级】

世界自然保护联盟(IUCN)2020年濒危物种红色名录3.1版——无危(LC)。

三十一、茄科 Solanaceae

98 黑果枸杞 *Lycium ruthenicum* Murray

枸杞属 *Lycium*

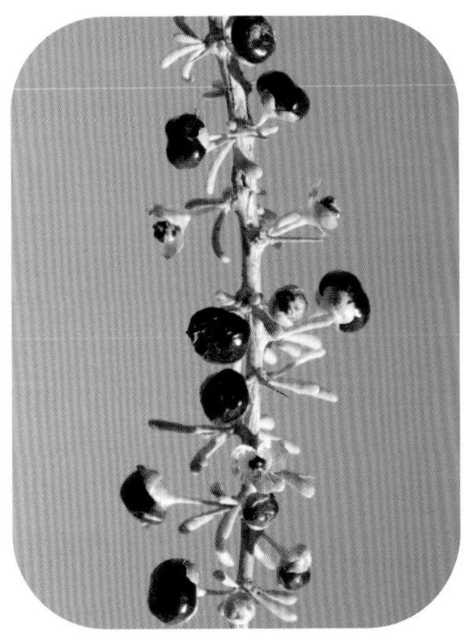

【别名】

苏枸杞。

【形态特征】

多棘刺灌木，高20~50(150)厘米。多分枝；分枝斜升或横卧于地面，白色或灰白色，常成之字形曲折。叶2~6枚簇生于短枝上，在幼枝上则单叶互生，肥厚肉质。花1~2朵生于短枝上；花冠漏斗状，浅紫色。浆果紫黑色，球状，有时顶端稍凹陷。种子肾形，褐色。花果期5~10月。

【产地与分布】

保护区内西土沟、渥洼池有分布。国内分布于陕西北部、宁夏、甘肃、青海、新疆和西藏等地。

【生境】

生于盐碱土荒地、沙地或路旁。

【用途】

果实入药，可治疗心热病、心脏病、月经不调等病症；果实含有丰富的花青素成分，具有抗氧化和抗过敏功能；能改良土壤、防风固沙。

【保护等级】

《国家重点保护野生植物名录》列为国家二级保护植物。世界自然保护联盟(IUCN)2020年濒危物种红色名录3.1版——无危(LC)。

99 宁夏枸杞 *Lycium barbarum* L.

【别名】

山枸杞、津枸杞、中宁枸杞。

【形态特征】

灌木，高0.8~2米。分枝细密，有纵棱纹，灰白色或灰黄色，无毛而微有光泽，有不生叶的短棘刺和生叶、花的长棘刺。叶互生或簇生，披针形或长椭圆状披针形，叶脉不明显。花在长枝上1~2朵生于叶腋，在短枝上2~6朵同叶簇生；花冠漏斗状，紫堇色。浆果红色，果皮肉质，多汁液。种子常20余粒，略成肾脏形，扁压，棕黄色。花果期较长，一般从5月到10月边开花边结果。

【产地与分布】

保护区内渥洼池有分布。国内分布于河北北部、内蒙古、山西北部、陕西北部、甘肃、宁夏、青海、新疆等地。

【生境】

生于土层深厚的沟岸、山坡、田梗和宅旁。

【用途】

果实入药，有滋肝补肾、益精明目的作用；根皮中药称地骨皮也作药用；果柄及叶还是猪、羊的良好饲料。

曼陀罗属 *Datura*

100 曼陀罗 *Datura stramonium* L.

【别名】

土木特张姑、沙斯哈我那、赛斯哈塔肯、醉心花闹羊花、野麻子、洋金花、万桃花、狗核桃、枫茄花。

【形态特征】

草本或半灌木状，高0.5~1.5米。茎粗壮，圆柱状，淡绿色或带紫色，下部木质化。叶广卵形。花单生于枝叉间或叶腋，直立，有短梗；花冠漏斗状，下半部带绿色，上部白色或淡紫色；子房密生柔针毛。蒴果直立生，卵状，表面生有坚硬针刺或有时无刺而近平滑，成熟后淡黄色。种子卵圆形，稍扁，黑色。花期6~10月，果期7~11月。

【产地与分布】

保护区内渥洼池有分布。国内分布于各地。

【生境】

生于住宅旁、路边或草地上。

【用途】

作药用或观赏而栽培，含莨菪碱，有镇痉、镇静、镇痛、麻醉的功能；种子油可制肥皂和掺和油漆用。

101 龙葵 *Solanum nigrum* L.

茄属 *Solanum*

【别名】

黑天天、天茄菜、飞天龙、地泡子、假灯龙草、白花菜、小果果、野茄秧、山辣椒、灯龙草、野海角、野伞子、石海椒、小苦菜、野梅椒、野辣虎、悠悠、天星星、天天豆、颜柔、黑狗眼、滨藜叶龙葵。

【形态特征】

一年生直立草本，高0.25~1米。茎无棱或棱不明显，绿色或紫色。叶卵形，先端短尖，基部楔形至阔楔形而下延至叶柄。蝎尾状花序腋外生，由3~6(10)花组成；花冠白色，筒部隐于萼内；子房卵形，柱头小，头状。浆果球形，熟时黑色。种子多数，近卵形，两侧压扁。花果期9~10月。

【产地与分布】

保护区内渥洼池有分布。国内分布于各地。

【生境】

生于田边，荒地及村庄附近。

【用途】

全株入药，可散瘀消肿、清热解毒。

【保护等级】

世界自然保护联盟(IUCN)2020年濒危物种红色名录3.1版——无危(LC)。

三十二、玄参科 Scrophulariaceae

102 婆婆纳 *Veronica polita* Fries

婆婆纳属 *Veronica*

【别名】

豆豆蔓、老蔓盘子、老鸦枕头。

【形态特征】

铺散多分枝草本，多少被长柔毛，高10~25厘米。叶仅2~4对，叶片心形至卵形，两面被白色长柔毛。总状花序很长；花冠淡紫色、蓝色、粉色或白色。蒴果近于肾形，密被腺毛。种子背面具横纹。花期3~10月。

【产地与分布】

保护区内西土沟有分布。国内分布于华东、华中、西南、西北及北京等地。

【生境】

生于荒地。

【用途】

全草入药，可补肾壮阳、凉血、止血、理气止痛；茎叶味甜，可食。

【保护等级】

世界自然保护联盟(IUCN)2020年濒危物种红色名录3.1版——无危(LC)。

三十三、列当科 Orobanchaceae

103 盐生肉苁蓉 *Cistanche salsa* (C. A. Mey.) G. Beck

肉苁蓉属 *Cistanche*

【形态特征】

植株高10~45厘米，偶见具少数绳束状须根。茎不分枝或稀自基部分2~3枝。叶卵状长圆形，两面无毛。穗状花序长8~20厘米；花冠筒状钟形，筒近白色或淡黄白色，顶端5裂，裂片淡紫色或紫色，干后常保持原色不变；子房卵形。蒴果卵形或椭圆形，具宿存的花柱基部。种子近球形。花期5~6月，果期7~8月。

【产地与分布】

保护区内碱泉子有分布。国内分布于内蒙古、甘肃和新疆等地。

【生境】

生于荒漠草原带，荒漠区的湖盆低地及盐碱较重的地方。

【用途】

全草入药，具有补肾阳、润肠通便、补血的功效。

【保护等级】

世界自然保护联盟(IUCN)2020年濒危物种红色名录3.1版——无危(LC)。

三十四、车前科 Plantaginaceae

车前属 *Plantago*

104 大车前 *Plantago major* L.

【别名】

钱贯草、大猪耳朵草。

【形态特征】

二年生或多年生草本。须根多数。根茎粗短。叶基生呈莲座状,平卧、斜展或直立;叶片草质、薄纸质或纸质,宽卵形至宽椭圆形。花序1至数个;花冠白色,无毛,胚珠12至40余个。蒴果近球形、卵球形或宽椭圆球形。种子卵形、椭圆形或菱形,黄褐色。花期6~8月,果期7~9月。

【产地与分布】

保护区内渥洼池有分布。国内分布于黑龙江、吉林、辽宁、内蒙古、河北、山西、陕西、甘肃、青海、新疆、山东、江苏、福建、台湾、广西、海南、四川、云南、西藏等地。

【生境】

生于草地、草甸、河滩、沟边、沼泽地、山坡路旁、田边或荒地。

【用途】

全草和种子均可入药,具有利尿、镇咳、祛痰、止泻、明目等功效。

三十五、葫芦科 Cucurbitaceae

105 葫芦 *Lagenaria siceraria* (Molina) Standl.

葫芦属 *Lagenaria*

【别名】

嘎贝哲布、葫芦壳、抽葫芦、壶芦、蒲芦、瓠。

【形态特征】

一年生攀援草本。茎、枝具沟纹，被黏质长柔毛，老后渐脱落。叶片卵状心形或肾状卵形，两面均被微柔毛。卷须纤细，上部分2歧。雌雄同株，雌、雄花均单生：雄花花冠黄色，裂片皱波状；雌花花萼和花冠似雄花。果实初为绿色，后变白色至带黄色，成熟后果皮变木质。种子白色，倒卵形或三角形。花期夏季，果期秋季。

【产地与分布】

保护区内西土沟有人工栽植分布。国内分布于各地。

【生境】

生于平川及低洼地和有灌溉条件的岗地。

【用途】

幼嫩时可供菜食，成熟后外壳木质化，可作各种容器、水瓢或儿童玩具。

三十六、菊科 Compositae

106 蓍 *Achillea millefolium* L.

蓍属 *Achillea*

【形态特征】

多年生草本，具细的匍匐根茎。茎直立，高40~100厘米，有细条纹，通常被白色长柔毛。叶无柄，披针形、矩圆状披针形或近条形，二至三回羽状全裂。头状花序多数，密集成直径2~6厘米的复伞房状；舌片近圆形，白色、粉红色或淡紫红色；盘花两性，管状，黄色。瘦果矩圆形，淡绿色，有狭的淡白色边肋，无冠状冠毛。花果期7~9月。

【产地与分布】

保护区内渥洼池有分布。国内分布于云南、四川、贵州、湖南西北部、湖北西部、河南西北部、山西南部、陕西中南部、甘肃东部等地。

【生境】

生于山坡草地或灌丛中。

【用途】

全株入药，有祛风止痛、活血、解毒之效。

107 大籽蒿 *Artemisia sieversiana* Ehrhart ex Willd.

蒿属 *Artemisia*

【别名】

山艾、大白蒿、大头蒿、苦蒿、额尔木、埃勒姆-察乌尔、肯甲。

【形态特征】

一、二年生草本。主根单一，垂直，狭纺锤形。茎单生，直立，高50~150厘米，纵棱明显，分枝多；茎、枝被灰白色微柔毛。下部与中部叶宽卵形或宽卵圆形，两面被微柔毛；上部叶及苞片叶羽状全裂或不分裂，而为椭圆状披针形或披针形，无柄。头状花序大，多数，半球形或近球形。瘦果长圆形。花果期6~10月。

【产地与分布】

保护区内西土沟有分布。国内分布于黑龙江、吉林、辽宁、内蒙古、河北、山西、陕西、宁夏、甘肃、青海、新疆、四川、贵州、云南及西藏等地。

【生境】

生于路旁、荒地、河漫滩、草原、森林草原、干山坡或林缘。

【用途】

茎叶入药，有消炎、清热、止血之效；牧区也可作牲畜饲料。

108 内蒙古旱蒿 *Artemisia xerophytica* Krasch.

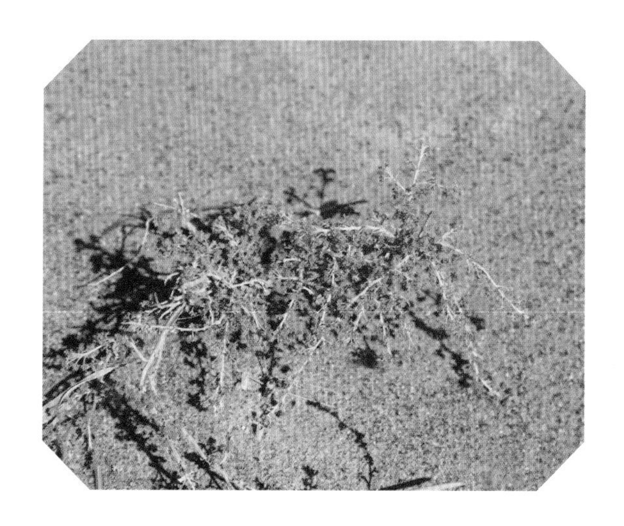

【形态特征】

小灌木状。主根粗大，木质，侧根多；根状茎粗短，上部常分化出若干部分，有多数营养枝。茎多数，稀少数，丛生，高30~40厘米，棕黄色或褐黄色，纵棱明显。叶小，半肉质，干时质硬，两面被灰黄色或淡灰黄色略带绢质短绒毛。头状花序近球形，具短梗。瘦果倒卵状长圆形。花果期8~10月。

【产地与分布】

保护区内西土沟、二墩有分布。国内分布于内蒙古中西部、宁夏北部边缘、甘肃西北部等地。

【生境】

生于海拔1700~3500米地区的戈壁、半荒漠草原及半固定沙丘上。

【用途】

在荒漠与半荒漠地区作防风固沙的辅助性植物；在牧区为营养价值良好的牲畜饲料。

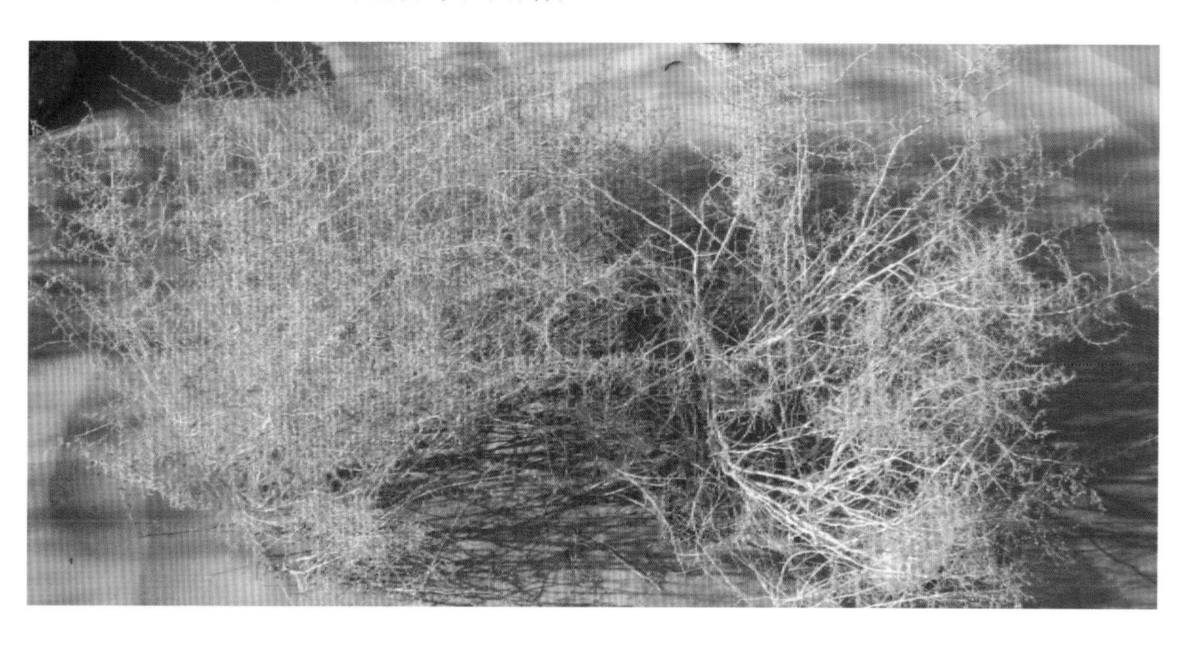

紫菀木属 *Asterothamnus*

109 中亚紫菀木 *Asterothamnus centraliasiaticus* Novopokr.

【形态特征】

多分枝半灌木，高20~40厘米。根状茎粗壮，茎多数，簇生，外皮淡红褐色。叶较密集，斜上或直立，长圆状线形或近线形。头状花序较大，在茎枝顶端排成疏散的伞房花序；有7~10个舌状花，舌片开展，淡紫色；两性花11~12个，花冠管状，黄色。瘦果长圆形，稍扁，具小环，被白色长伏毛；冠毛白色，糙毛状，与花冠等长。花果期7~9月。

【产地与分布】

保护区内西土沟有分布。国内分布于青海、甘肃、宁夏和内蒙古等地。

【生境】

生于草原或荒漠地区。

【用途】

是骆驼的良好饲料，四季采食。

蓝刺头属 *Echinops*

110 砂蓝刺头 *Echinops gmelinii* Turcz.

【形态特征】

一年生草本，高10~90厘米。根直伸，细圆锥形。茎单生，淡黄色。下部茎叶线形或线状披针形，中上部茎叶与下部茎叶同形，但渐小；全部叶质地薄，纸质，两面绿色，被稀疏蛛丝状毛及头状具柄的腺点，或上面的蛛丝毛稍多。复头状花序单生茎顶或枝端。小花蓝色或白色。瘦果倒圆锥形，被稠密的淡黄棕色的顺向贴伏的长直毛，遮盖冠毛。花果期6~9月。

【产地与分布】

保护区内西土沟、二墩、渥洼池有分布。国内分布于黑龙江、吉林、辽宁、内蒙古、新疆、青海、甘肃、陕西、宁夏、山西、河北、河南等地。

【生境】

生于海拔580~3120米的山坡砾石地、荒漠草原、黄土丘陵或河滩沙地。

【用途】

属于中等饲用植物。根可入药，有清热解毒、消臃肿、通乳等功效。

111 大刺儿菜 *Cirsium arvense* var. *setosum* (Willd.) Ledeb.

蓟属 *Cirsium*

【形态特征】

多年生草本植物，植株高50~100厘米。茎直立，上部分枝，被疏毛或绵毛。叶互生，基部叶具柄，上部叶基部抱茎。头状花序，单生或数个聚生枝端，密被绵毛，总苞片外层顶端具长刺，花为红色。瘦果，冠毛羽状。花期6~8月，果期8~9月。

【产地与分布】

保护区内西土沟、渥洼池有分布。国内分布于黑龙江、吉林、辽宁、内蒙古、河北、山西、山东、河南、陕西等地。

【生境】

生于山坡、草地、路旁等处。

【用途】

全草和根部均可入药，具有凉血、止血、祛瘀、消痈肿等功效；其鲜菜可供食用；还适宜布置花境或作屏蔽栽植。

花花柴属 *Karelinia*

112 花花柴 *Karelinia caspia* (Pall.) Less.

【别名】

胖姑娘娘。

【形态特征】

多年生草本,高50~100厘米。茎粗壮,直立,多分枝,圆柱形,中空。叶卵圆形、长卵圆形或长椭圆形。头状花序,约3~7个生于枝端;小花黄色或紫红色;冠毛白色。瘦果,圆柱形,有4~5纵棱,无毛。花期7~9月,果期9~10月。

【产地与分布】

保护区内西土沟、渥洼池有分布。国内分布于新疆准噶尔盆地、青海柴达木盆地、甘肃西北部和北部、内蒙古西部等地。

【生境】

生于戈壁滩地、沙丘、草甸盐碱地和苇地水田旁。

【用途】

属于低等牧草,具有一定的饲用价值。

113 河西菊 *Launaea polydichotoma* (Ostenfeld) Amin ex N. Kilian

栓果菊属 *Launaea*

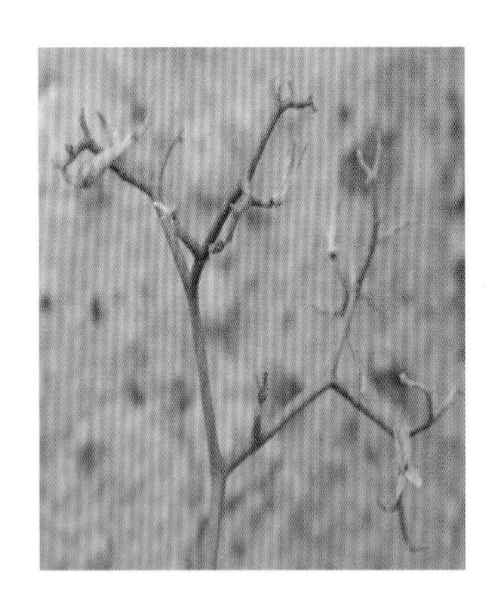

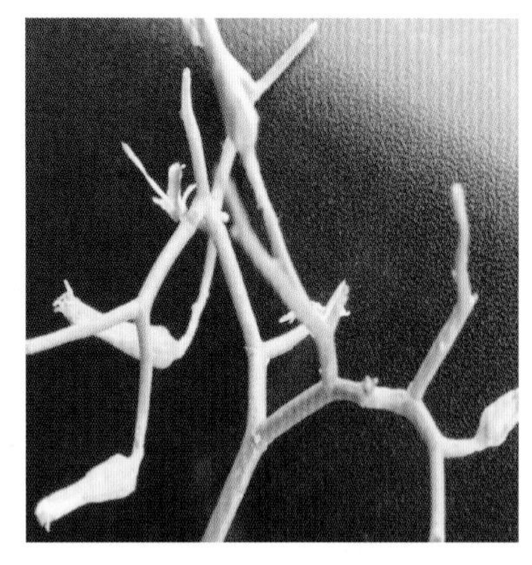

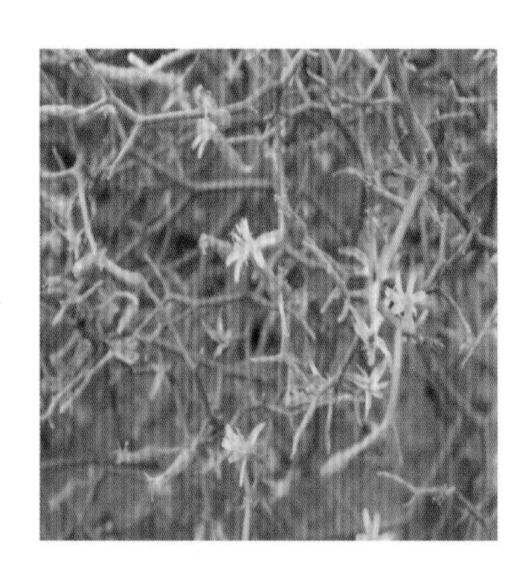

【别名】

胖姑娘娘。

【形态特征】

多年生草本，高15~40(50)厘米。根颈部被纤维状叶鞘残遗物，自根茎发出多数茎。茎自下部起多级等二叉状分枝，形成球状，全部茎枝无毛。基生叶与下部茎叶少数，线形，革质；中部茎与上部茎叶或有时基生叶退化成小三角形鳞片状。头状花序极多数；舌状小花黄色，花冠管外面无毛。瘦果圆柱状，淡黄色至黄棕色。花果期5~9月。

【产地与分布】

保护区内二墩、西土沟有分布。国内分布于甘肃、新疆等地。

【生境】

生于沙地、沙地边缘、沙丘间低地、戈壁冲沟及沙地田边。

【用途】

是一种旱生盐生植物，具有极高的观赏价值，是干旱区城市绿化上乘的地被植物和盆景植物；亦是重要的防风固沙植物，在沙漠边缘地带具有重要的生态价值。

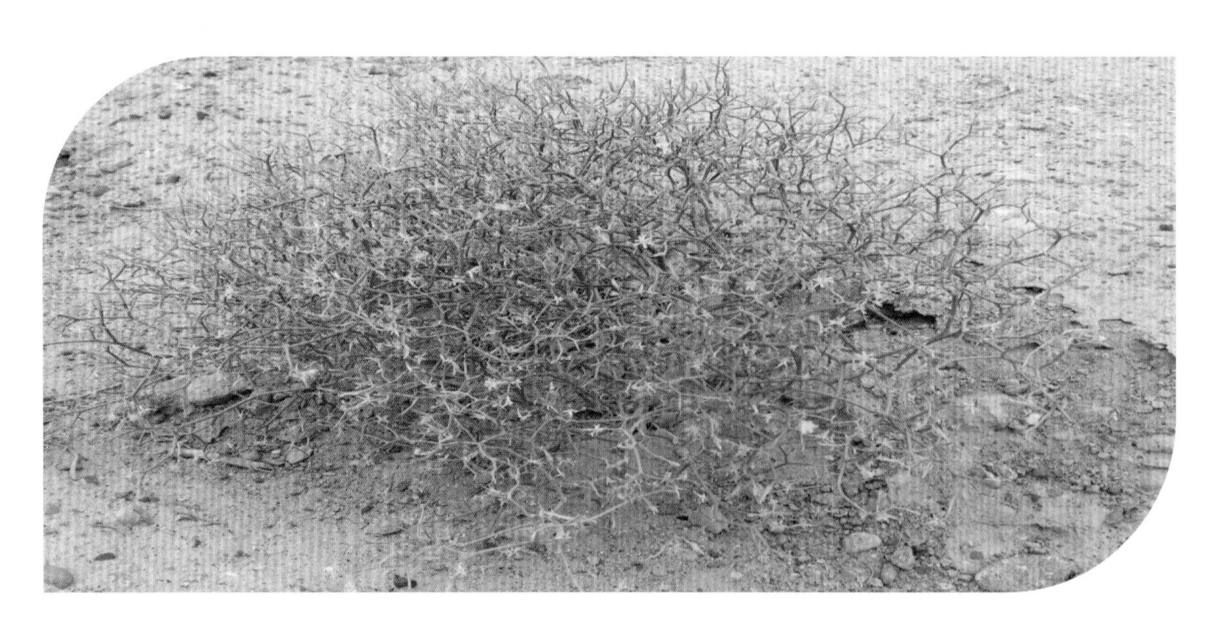

风毛菊属 *Saussurea*

114 盐地风毛菊 *Saussurea salsa* (Pall.) Spreng

【形态特征】

多年生草本，高15~50厘米。根状茎粗，颈部有残存的叶柄。茎单生或数个，被稀疏的蛛丝状毛。基生叶与下部茎叶全形长圆形，中下部茎叶长圆形、长圆状线形或披针形，上部茎叶明显较小，披针形。头状花序多数，在茎枝顶端排成伞房花序。小花粉紫色。瘦果长圆形，红褐色，无毛。花果期7~9月。

【产地与分布】

保护区内涅洼池、西土沟有分布。国内分布于青海、新疆、甘肃等地。

【生境】

生于盐土草地、戈壁滩、湖边。

115 苦苣菜 *Sonchus oleraceus* L.

苦苣菜属 *Sonchus*

【别名】

滇苦荬菜。

【形态特征】

一年生或二年生草本。根圆锥状,垂直直伸,有多数纤维状的须根。茎直立,单生,高40~150厘米,有纵条棱或条纹。基生叶羽状深裂,中下部茎叶羽状深裂或大头状羽状深裂,下部茎叶或接花序分枝下方的叶,与中下部茎叶同型并等样分裂或不分裂而披针形或线状披针形;全部叶或裂片边缘及抱茎小耳边缘有大小不等的急尖锯齿或大锯齿。头状花序少数在茎枝顶端排紧密的伞房花序或总状花序或单生茎枝顶端。舌状小花多数,黄色。瘦果褐色,长椭圆形或长椭圆状倒披针形。花果期5~12月。

【产地与分布】

保护区内渥洼池、西土沟有分布。国内分布于辽宁、河北、山西、陕西、甘肃、青海、新疆、山东、江苏、安徽、浙江、江西、福建、台湾、河南、湖北、湖南、广西、四川、云南、贵州、西藏等地。

【生境】

生于山坡或山谷林缘、林下或平地田间、空旷处或近水处。

【用途】

全草入药,有祛湿、清热解毒功效。

116 顶羽菊 *Rhaponticum repens* (L.) Hidalgo

漏芦属 *Rhaponticum*

【形态特征】

多年生草本，高25~70厘米。根直伸。茎单生，或少数茎成簇生，直立，全部茎枝被蛛丝毛，被稠密的叶。全部茎叶质地稍坚硬，长椭圆形或匙形或线形，两面灰绿色，被稀疏蛛丝毛或脱毛。植株含多数头状花序，头状花序多数在茎枝顶端排成伞房花序或伞房圆锥花序；全部小花两性，管状，花冠粉红色或淡紫色。瘦果倒长卵形，淡白色，顶端圆形。花果期5~9月。

【产地与分布】

保护区内西土沟、渥洼池有分布。国内分布于山西、河北、内蒙古、陕西、青海、甘肃、新疆等地。

【生境】

生于山坡、丘陵、平原，农田、荒地。

【用途】

全草入药，可清热解毒、活血消肿。

莴苣属 *Lactuca*

117 乳苣 *Lactuca tatarica* (L.) C. A. Mey.

【别名】

苦菜、紫花山莴苣、蒙山莴苣。

【形态特征】

多年生草本，高15~60厘米。根垂直直伸。茎直立，有细条棱或条纹，上部有圆锥状花序分枝，全部茎枝光滑无毛。中下部茎叶长椭圆形或线状长椭圆形或线形，向上的叶与中部茎叶同形或宽线形，但渐小；全部叶质地稍厚，两面光滑无毛。头状花序约含20枚小花，在茎枝顶端狭或宽圆锥花序。舌状小花紫色或紫蓝色，管部有白色短柔毛。瘦果长圆状披针形，灰黑色。花果期6~9月。

【产地与分布】

保护区内西土沟、渥洼池有分布。国内分布于辽宁、内蒙古、河北、山西、陕西、甘肃、青海、新疆、河南、西藏等地。

【生境】

生于河滩、湖边、草甸、田边、固定沙丘或砾石地。

【用途】

嫩茎叶可食用。全草入药，具有清热解毒、活血排脓的功效。

蒲公英属 *Taraxacum*

118 蒲公英 *Taraxacum mongolicum* Hand.–Mazz.

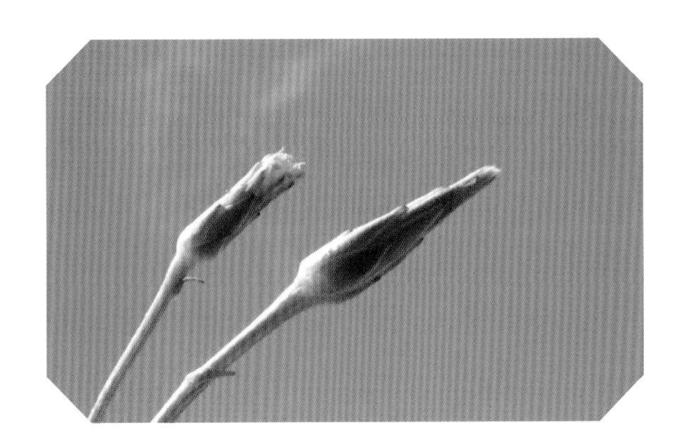

【别名】

黄花地丁、婆婆丁、蒙古蒲公英、灯笼草、姑姑英、地丁。

【形态特征】

多年生草本。根圆柱状，黑褐色，粗壮。叶倒卵状披针形、倒披针形或长圆状披针形，疏被蛛丝状白色柔毛或几无毛。头状花序直径约30~40毫米；舌状花黄色，边缘花舌片背面具紫红色条纹。瘦果倒卵状披针形，暗褐色，上部具小刺，下部具成行排列的小瘤；冠毛白色。花期4~9月，果期5~10月。

【产地与分布】

保护区内西土沟、渥洼池有分布。国内分布于黑龙江、吉林、辽宁、内蒙古、河北、山西、陕西、甘肃、青海、山东、江苏、安徽、浙江、福建北部、台湾、河南、湖北、湖南、广东北部、四川、贵州、云南等地。

【生境】

生于山坡草地、路边、田野、河滩。

【用途】

全草供药用，有清热解毒、消肿散结的功效。

旋覆花属 *Inula*

119 蓼子朴 *Inula salsoloides* (Turcz.) Ostenf.

【别名】

山猫眼、秃女子草、黄喇嘛。

【形态特征】

亚灌木。地下茎分枝长，横走，木质；茎平卧、斜升、直立或圆柱形，下部木质。叶披针状或长圆状线形，全缘，上面无毛，下面有腺及短毛。头状花序径1~1.5厘米，单生于枝端。舌状花较总苞长半倍，舌浅黄色，椭圆状线形。瘦果有多数细沟，被腺和疏粗毛。花期5~8月，果期7~9月。

【产地与分布】

保护区内西土沟、渥洼池有分布。国内分布于新疆、内蒙古、青海北部和东部、甘肃、陕西、河北、山西北部和辽宁西部。

【生境】

生于戈壁滩地、流沙地、固定沙丘、湖河沿岸冲积地、黄土高原的风沙地和丘陵顶部。

【用途】

良好的固沙植物。

120 旋覆花 *Inula japonica* Thunb.

【别名】

猫耳朵、六月菊、金佛草、金佛花、金钱花、金沸草、小旋覆花、条叶旋覆花、旋复花。

【形态特征】

多年生草本。根状茎短，横走或斜升。茎单生，有时2~3个簇生，直立，高30~70厘米。基部叶常较小，中部叶长圆形、长圆状披针形或披针形，上部叶渐狭小，线状披针形。头状花序多数或少数排列成疏散的伞房花序；舌状花黄色。瘦果，圆柱形，被疏短毛。花期6~10月，果期9~11月。

【产地与分布】

保护区内渥洼池有分布。国内分布于北部、东北部、中部、东部各地。

【生境】

生于山坡路旁、湿润草地、河岸和田埂上。

【用途】

根及叶治刀伤、疔毒，煎服可平喘镇咳；花是健胃祛痰药。

121 苍耳 *Xanthium strumarium* L.

苍耳属 *Xanthium*

【别名】

粘头婆、虱马头、苍耳子。

【形态特征】

一年生草本，高20~120厘米。根纺锤状。茎直立不枝或少有分枝，下部圆柱形，上部有纵沟，被灰白色糙伏毛。叶三角状卵形或心形，近全缘。雄性的头状花序球形；雌性的头状花序椭圆形。瘦果2，倒卵形。花期7~8月，果期9~10月。

【产地与分布】

保护区内二墩、渥洼池有分布。国内分布于吉林、内蒙古、河北、山西、陕西、四川、云南、新疆及西藏等地。

【生境】

生于空旷干旱山坡、旱田边盐碱地、干涸河床及路旁。

【用途】

种子可榨油，可制油漆，也可作油墨、肥皂的原料；种子有毒，是杀虫植物，对棉蚜、红蜘蛛有效。

三十七、香蒲科 Typhaceae

122 狭叶香蒲 *Typha angustifolia* L.

香蒲属 *Typha*

【别名】

东方香蒲、菖蒲、毛蜡、毛蜡烛、蒲棒、蒲草、蒲黄、水蜡烛、小香蒲。

【形态特征】

多年生草本植物，水生或沼生草本。根状茎乳黄色、灰黄色，先端白色。地上茎直立，粗壮，高约1.5~2.5(3)米。叶狭线形；叶鞘抱茎。花小且为单性，雌雄同株；穗状花序，长圆柱形，呈褐色。小坚果长椭圆形，具褐色斑点，不开裂。种子深褐色。花期6~7月，果期7~8月。

【产地与分布】

保护区内西土沟湿地有分布。国内分布于黑龙江、吉林、辽宁、内蒙古、河北、山东、河南、陕西、甘肃、新疆、江苏、湖北、云南、台湾等地。

【生境】

生于湖泊、河流、池塘浅水处。

【用途】

花粉可入药，具有止血、祛瘀、利尿等功效。雌花称“蒲绒”，可作填充物。

123 小香蒲 *Typha minima* Funk

【形态特征】

多年生沼生或水生草本。根状茎姜黄色或黄褐色，先端乳白色。地上茎直立，高16~65厘米。叶通常基生，鞘状，无叶片。雌雄花序远离，雄花序基部具1枚叶状苞片，雌花序叶状苞片明显宽于叶片。雄花无被，雌花具小苞片；小坚果椭圆形，纵裂，果皮膜质。种子黄褐色，椭圆形。花果期5~8月。

【产地与分布】

保护区内西土沟湿地有分布。国内分布于黑龙江、吉林、辽宁、内蒙古、河北、河南、山东、山西、陕西、甘肃、新疆、湖北、四川等地。

【生境】

生于池塘、水泡子、水沟边浅水处、湿地及低洼处。

【用途】

叶绿穗奇，常用于点缀园林水池、湖畔，构筑水景；叶富含较多的粗纤维，可用于造纸；叶称蒲草亦可用于编织。

【保护等级】

世界自然保护联盟(IUCN)2020年濒危物种红色名录3.1版——无危(LC)。

三十八、眼子菜科 Potamogetonaceae

124 穿叶眼子菜 *Potamogeton perfoliatus* L. L

眼子菜属 *Potamogeton*

【别名】

抱茎眼子菜。

【形态特征】

多年生沉水草本，具发达的根茎。根茎白色，节处生有须根。茎圆柱形，上部多分枝。叶卵形、卵状披针形或卵状圆形，无柄。穗状花序顶生，具花4~7轮，密集或稍密集；花小，被片4，淡绿色或绿色。果实倒卵形，顶端具短喙。花果期5~10月。

【产地与分布】

保护区内西土沟、渥洼池湿地有分布。国内分布于东北、华北、西北、山东、河南、湖南、湖北、贵州、云南等地。

【生境】

生于湖泊、池塘、灌渠、河流等水体。

【用途】

全草入药，主治湿疹、皮肤瘙痒。嫩叶可作蔬菜食用；对水体具有一定的净化能力；叶形美观，边缘波状，全株可供观赏。

【保护等级】

世界自然保护联盟(IUCN)2020年濒危物种红色名录3.1版——无危(LC)。

125 小眼子菜 *Potamogeton pusillus* L. L

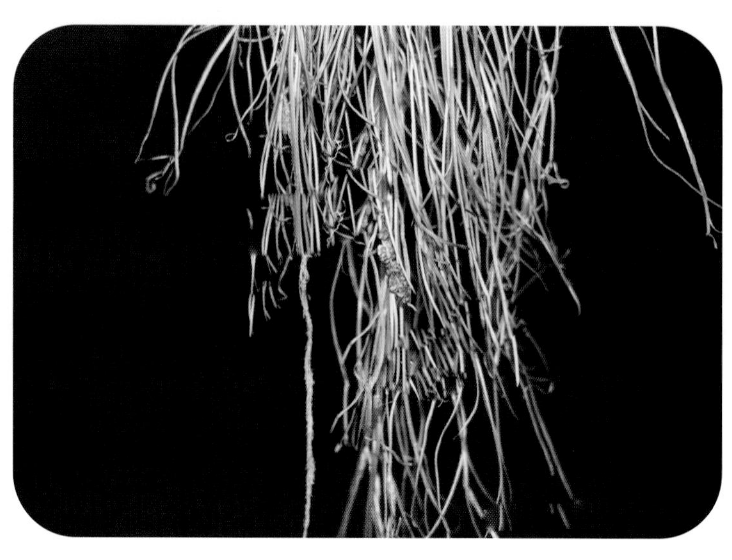

【形态特征】

沉水草本，无根茎。茎椭圆柱形或近圆柱形，纤细，具分枝。叶线形，无柄，全缘；托叶为无色透明的膜质，与叶离生。穗状花序顶生，具花2~3轮，间断排列；花小，被片4，绿色。果实斜倒卵形，顶端具1稍向后弯的短喙。花果期5~10月。

【产地与分布】

保护区内西土沟、渥洼池湿地有分布。国内分布于南北各地。

【生境】

生于池塘、湖泊、沼地、水田及沟渠等静水或缓流之中。

【用途】

全草可入药，有清热解毒的功效。

【保护等级】

世界自然保护联盟(IUCN)2020年濒危物种红色名录3.1版——无危(LC)。

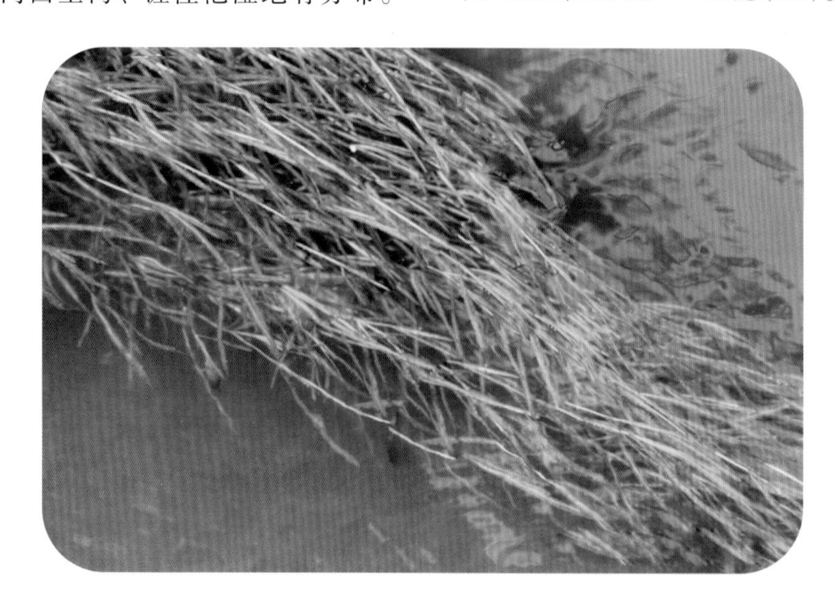

三十九、水麦冬科 Juncaginaceae

水麦冬属 *Triglochin*

126 海韭菜 *Triglochin maritima* L.

【别名】

那冷门。

【形态特征】

多年生草本，植株稍粗壮。根茎短，着生多数须根，常有棕色叶鞘残留物。叶全部基生，条形。花葶直立，较粗壮，圆柱形，中上部着生多数排列较紧密的花，呈顶生总状花序；花两性；花被片6枚，绿色，2轮排列。蒴果6棱状椭圆形或卵形。花果期6~10月。

【产地与分布】

保护区内渥洼池湿地有分布。国内分布于东北、华北、西北、西南各地。

【生境】

生于海拔700~5150米的湿沙地、海边盐滩上和山坡湿草地。

【用途】

果实入药，可治疗眼痛、神经衰弱、腹泻。

【保护等级】

世界自然保护联盟(IUCN)2020年濒危物种红色名录3.1版——无危(LC)。

127 水麦冬 *Triglochin palustris* L.

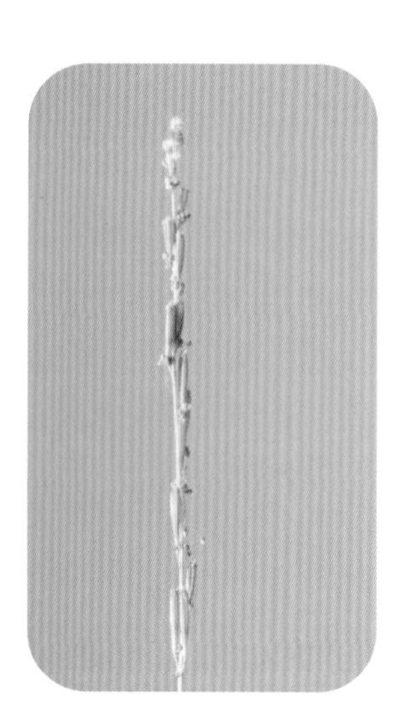

【形态特征】

多年生湿生草本植物，植株弱小。根茎短，常有纤维质叶鞘残迹。叶基生，条形。花葶细长，纤细，直立；总状花序顶生，具多数、疏生的花。蒴果棒状条形。花果期6~10月。

【产地与分布】

保护区内渥洼池湿地有分布。国内分布于东北、华北、西北、西南等地。

【生境】

生于海拔500~4200米的河岸湿地、盐碱湿草地、沟谷湿草地或沼泽地。

【用途】

全草及果实入药，有清热利湿、消肿止泻等功效。

【保护等级】

世界自然保护联盟（IUCN）2020年濒危物种红色名录3.1版——无危（LC）。

四十、禾本科 Gramineae

128 圆柱披碱草 *Elymus dahuricus* var. *cylindricus* Franchet

披碱草属 *Elymus*

【形态特征】

秆细弱，高40~80厘米。叶鞘无毛；叶片扁平，干后内卷。穗状花序直立，狭瘦；穗轴边缘具小纤毛；小穗绿色或带有紫色；颖披针形至线状披针形，脉明显而粗糙；外稃披针形，全部被微小短毛；内稃与外稃等长，先端钝圆，脊上有纤毛，脊间被微小短毛。花果期7~9月。

【产地与分布】

保护区内西土沟、渥洼池有分布。国内分布于内蒙古、河北、四川、青海、新疆等地。

【生境】

多生于山坡或路旁草地。

【用途】

优质牧草，从返青至开花前，马、牛、羊均喜食。

【保护等级】

世界自然保护联盟（IUCN）2020年濒危物种红色名录3.1版——无危（LC）。

129 披碱草 *Elymus dahuricus* Turcz.

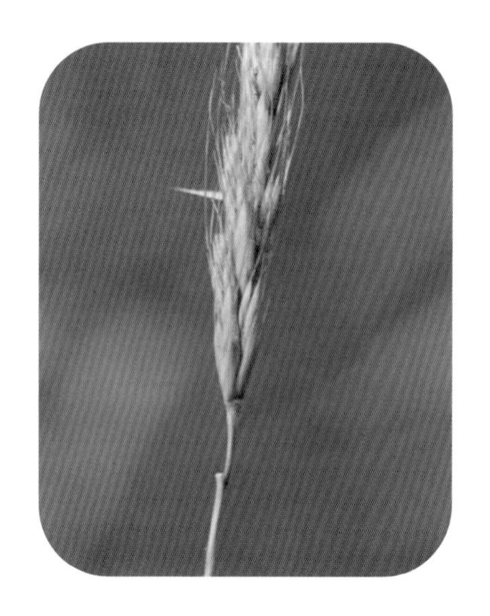

【形态特征】

秆疏丛，直立，高70~140厘米，基部膝曲。叶鞘光滑无毛；叶片扁平，上面粗糙，下面光滑。穗状花序直立，较紧密；小穗绿色，成熟后变为草黄色，含3~5小花；颖披针形或线状披针形，外稃披针形，全部密生短小糙毛；内稃与外稃等长，先端截平，脊上具纤毛。花果期7~9月。

【产地与分布】

保护区内西土沟、渥洼池有分布。国内分布于东北、内蒙古、河北、河南、山西、陕西、青海、四川、新疆、西藏等地。

【生境】

多生于山坡草地或路边。

【用途】

优质高产的饲草。

130 沙生针茅 *Stipa caucasica* subsp. *glareosa* (P. A. Smirnov) Tzvelev

针茅属 *Stipa*

【形态特征】

须根粗韧,外具砂套。秆粗糙,高15~25厘米,具1~2节,基部宿存枯死叶鞘。叶鞘具密毛;基生与秆生叶舌短而钝圆;叶片纵卷如针,下面粗糙或具细微的柔毛。圆锥花序常包藏于顶生叶鞘内,仅具1小穗;颖尖披针形,先端细丝状。花果期5~10月。

【产地与分布】

保护区内西土沟、二墩有分布。国内分布于内蒙古、宁夏、甘肃、新疆、西藏、青海、陕西、河北等地。

【生境】

生于海拔630~5150米的石质山坡、丘间洼地、戈壁沙滩及河滩砾石地上。

【用途】

荒漠草原地带优质上等牧草。

【保护等级】

世界自然保护联盟(IUCN)2020年濒危物种红色名录3.1版——无危(LC)。

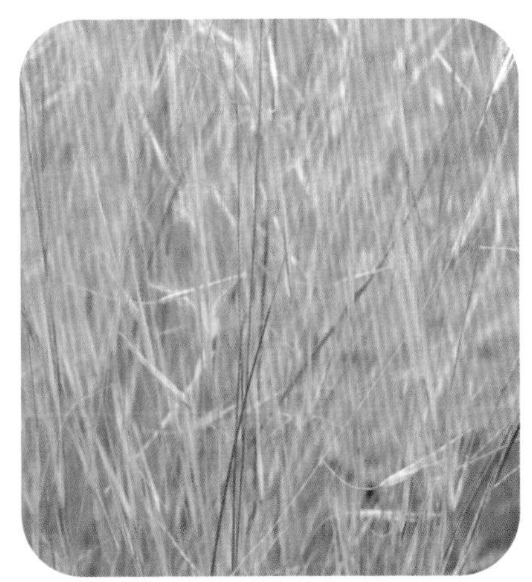

131 石生针茅 *Stipa tianschanica* var. *klemenzii* (Roshev.) Norl.

【形态特征】

多年生草本。秆高17~23厘米，具2~3节，基部宿存枯叶鞘。叶鞘无毛，短于节间；基生与秆生叶舌长约1毫米，边缘被短柔毛；叶片纵卷如针状，茎生叶扭曲席卷，成细条形。小穗浅绿色；颖披针形。花果期6~7月。

【产地与分布】

保护区内西土沟、二墩有分布。国内分布于内蒙古、甘肃等地。

【生境】

生于海拔1450米左右的砾石质山坡上。

【用途】

优良的牧草。

【保护等级】

世界自然保护联盟(IUCN)2020年濒危物种红色名录3.1版——无危(LC)。

132 芨芨草 *Neotrinia splendens* (Trin.) M.Nobis, P.D.Gudkova & A.Nowak

芨芨草属 *Neotrinia*

【别名】

积机草、席萁草、棘棘草。

【形态特征】

植株具粗而坚韧外被砂套的须根。秆直立，坚硬，内具白色的髓，形成大的密丛，高50~250厘米，基部宿存枯萎的黄褐色叶鞘。叶鞘无毛，具膜质边缘；叶舌三角形或尖披针形，叶片纵卷，质坚韧。圆锥花序长（15）30~60厘米，开花时呈金字塔形开展；小穗长4.5~7毫米，灰绿色，基部带紫褐色，成熟后常变草黄色。花果期6~9月。

【产地与分布】

保护区内西土沟、渥洼池有分布。国内分布于西北、东北、内蒙古、山西、河北等地。

【生境】

生于海拔900~4500米的微碱性的草滩及沙土山坡上。

【用途】

在早春幼嫩时，为牲畜良好的饲料；其秆叶坚韧，供造纸及人造丝，又可编织筐、草帘、扫帚等；叶浸水后，韧性极大，可作草绳；又可改良碱地，保护渠道及保持水土。

拂子茅属 *Calamagrostis*

133 拂子茅 *Calamagrostis epigeios* (L.) Roth

【别名】

林中拂子茅、密花拂子茅

【形态特征】

多年生，具根状茎。秆直立，平滑无毛或花序下稍粗糙，高45~100厘米。叶鞘平滑或稍粗糙；叶舌膜质；叶片扁平或边缘内卷，上面及边缘粗糙，下面较平滑。圆锥花序紧密，圆筒形，劲直、具间断，长10~25(30)厘米；小穗长5~7毫米，淡绿色或带淡紫色。花果期5~9月。

【产地与分布】

保护区内西土沟、渥洼池有分布。国内分布于各地。

【生境】

生于海拔160~3900米的潮湿地及河岸沟渠旁。

【用途】

为牲畜喜食的牧草；亦为固定泥沙、保护河岸的良好材料。

134 假苇拂子茅 *Calamagrostis pseudophragmites* (Hall. f.) Koel.

【别名】

假苇子。

【形态特征】

秆直立，高40~100厘米。叶鞘平滑无毛，或稍粗糙；叶舌膜质，长圆形；叶片扁平或内卷，上面及边缘粗糙，下面平滑。圆锥花序长圆状披针形，疏松开展，长10~20(35)厘米，分枝簇生；小穗长5~7毫米，草黄色或紫色；颖线状披针形，成熟后张开；外稃透明膜质，内稃长为外稃的1/3~2/3。花果期7~9月。

【产地与分布】

保护区内西土沟、渥洼池有分布。国内分布于东北、华北、西北、四川、云南、贵州、湖北等地。

【生境】

生于海拔350~2500米的山坡草地或河岸阴湿之处。

【用途】

可作饲料；生活力强，可为防沙固堤的材料。

【保护等级】

世界自然保护联盟(IUCN)2020年濒危物种红色名录3.1版——无危(LC)。

135 芦苇 *Phragmites australis* (Cav.) Trin. ex Steud.

芦苇属 *Phragmites*

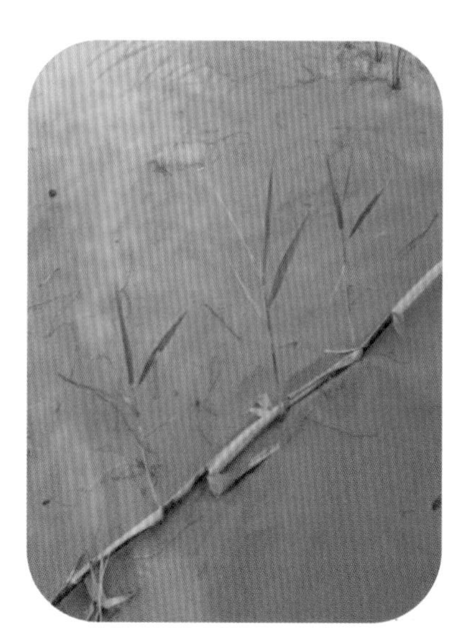

【别名】

芦、苇、葭。

【形态特征】

多年生，根状茎十分发达。秆直立，高1~3(8)米，具20多节。叶舌边缘密生一圈长约1毫米的短纤毛；叶片披针状线形，无毛。圆锥花序大型，分枝多数，着生稠密下垂的小穗；小穗含4花；颖果长约1.5毫米。

【产地与分布】

保护区内西土沟、渥洼池有分布。国内分布于各地。

【生境】

生于江河湖泽、池塘沟渠沿岸和低湿地。

【用途】

秆为造纸原料或作编席织帘及建棚材料；茎、叶嫩时为饲料；根状茎供药用，可清热生津、除烦止呕；固堤造陆先锋环保植物。

【保护等级】

世界自然保护联盟(IUCN)2020年濒危物种红色名录3.1版——无危(LC)。

136 画眉草 *Eragrostis pilosa* (L.) Beauv.

画眉草属 *Eragrostis*

【形态特征】

一年生。秆丛生，直立或基部膝曲，高15~60厘米，通常具4节，光滑。叶鞘松裹茎，长于或短于节间；叶舌为一圈纤毛；叶片线形扁平或卷缩，无毛。圆锥花序开展或紧缩，长10~25厘米，颖为膜质，披针形，先端渐尖。颖果长圆形，长约0.8毫米。花果期8~11月。

【产地与分布】

保护区内渥洼池有分布。国内分布于各地。

【生境】

生于荒芜田野草地上。

【用途】

为优良饲料。

【保护等级】

世界自然保护联盟（IUCN）2020年濒危物种红色名录3.1版——无危（LC）。

137 狗尾草 *Setaria viridis* (L.) Beauv.

狗尾草属 *Setaria*

【别名】

莠、谷莠子。

【形态特征】

一年生。根为须状，高大植株具支持根。秆直立或基部膝曲，高10~100厘米。叶鞘松弛，边缘具较长的密绵毛状纤毛；叶舌极短，缘有长1~2毫米的纤毛；叶片扁平，长三角状狭披针形或线状披针形。圆锥花序紧密呈圆柱状或基部稍疏离，直立或稍弯垂，通常绿色或褐黄到紫红或紫色。颖果灰白色。花果期5~10月。

【产地与分布】

保护区内西土沟、二墩、渥洼池有分布。国内分布于各地。

【生境】

生于海拔4000米以下的荒野、道旁。

【用途】

秆、叶可作饲料；秆、叶也可入药，治痈瘀、面癣；小穗可提炼糠醛。

虎尾草属 *Chloris*

138 虎尾草 *Chloris virgata* Sw.

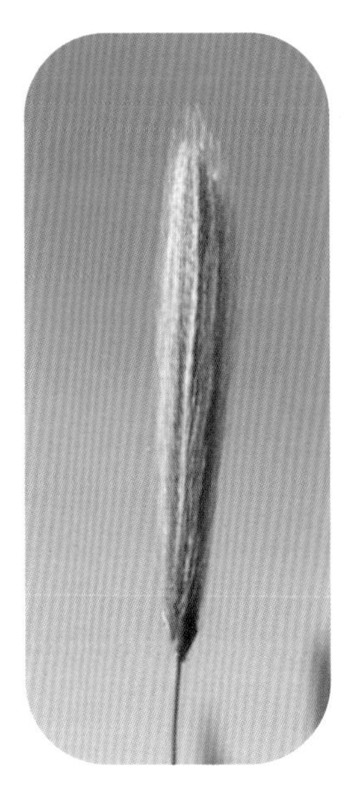

【别名】

棒锤草、刷子头、盘草。

【形态特征】

一年生草本。秆直立或基部膝曲，高12~75厘米，光滑无毛。叶鞘背部具脊，包卷松弛，无毛；叶舌无毛或具纤毛；叶片线形，两面无毛或边缘及上面粗糙。穗状花序5至10余枚，长1.5~5厘米，指状着生于秆顶，成熟时常带紫色；小穗无柄，长约3毫米；颖膜质，1脉。颖果纺锤形，淡黄色，光滑无毛而半透明。花果期6~10月。

【产地与分布】

保护区内西土沟、渥洼池、二墩有分布。国内分布于各地。

【生境】

生于路旁荒野，河岸沙地、土墙及房顶上。

【用途】

为各种牲畜食用的牧草。

【保护等级】

世界自然保护联盟(IUCN)2020年濒危物种红色名录3.1版——无危(LC)。

四十一、莎草科 Cyperaceae

139 圆囊薹草 *Carex orbicularis* Boott

薹草属 *Carex*

【形态特征】

根状茎短，具匍匐茎。秆丛生，高10~25厘米，纤细，三棱形，基部具栗色的老叶鞘。叶短于秆，平张，边缘粗糙。苞片基部的刚毛状，短于花序，无鞘，上部的鳞片状。小穗2~3 (4) 个，顶生1个雄性，圆柱形；侧生小穗雌性，卵形或长圆形，花密生；雌花鳞片长圆形或长圆状披针形，顶端稍钝，暗紫红色或红棕色，具白色膜质边缘。果囊稍长于鳞片而较鳞片宽2~3倍，近圆形或倒卵状圆形，下部淡褐色，上部暗紫色，密生瘤状小突起。小坚果卵形，长约2毫米。花果期7~8月。

【产地与分布】

保护区内渥洼池有分布。国内分布于甘肃、青海、新疆、西藏等地。

【生境】

生于河漫滩或湖边盐生草甸，沼泽草甸。

【保护等级】

世界自然保护联盟（IUCN）2020年濒危物种红色名录3.1版——无危（LC）。

140 三棱水葱 *Schoenoplectus triqueter* (L.) Palla

水葱属 *Schoenoplectus*

【别名】

青岛藨草、藨草。

【形态特征】

匍匐根状茎长,直径1~5毫米,干时呈红棕色。秆散生,粗壮,高20~90厘米,三棱形,基部具2~3个鞘,鞘膜质。叶片扁平,苞片1枚,为秆的延长,三棱形。简单长侧枝聚伞花序假侧生,有1~8个辐射枝;辐射枝三棱形,每辐射枝顶端有1~8个簇生的小穗;小穗卵形或长圆形,密生许多花;鳞片长圆形、椭圆形或宽卵形,膜质,黄棕色。小坚果倒卵形,平凸状,成熟时褐色,具光泽。花果期6~9月。

【产地与分布】

保护区内渥洼池有分布。国内除广东、海南外,均广泛分布。

【生境】

生于水沟、水塘、山溪边或沼泽地。

【保护等级】

世界自然保护联盟(IUCN)2020年濒危物种红色名录3.1版——无危(LC)。

141 水葱 *Schoenoplectus tabernaemontani* (C. C. Gmelin) Palla

【别名】

南水葱。

【形态特征】

茎秆圆柱状，高1~2米。平滑，基部叶鞘3~4，膜质。叶片线形；苞片1，为秆的延长，直立，钻状。长侧枝聚伞花序简单或复出，辐射枝4~13或更多；小穗单生或2~3簇生辐射枝顶端，卵形或长圆形，多花。小坚果倒卵形或椭圆形，双凸状，稀棱形。花果期6~9月。

【产地与分布】

保护区内渥洼池、西土沟湿地有分布。国内分布于浙江、福建、台湾、广东、广西、云南、甘肃等地。

【生境】

生于湖边浅水处或浅水塘边。

【用途】

地上部分可入药，具有利水消肿之功效。

【保护等级】

世界自然保护联盟(IUCN)2020年濒危物种红色名录3.1版——无危(LC)。

142 沼泽荸荠 *Eleocharis palustris* Bunge

荸荠属 *Eleocharis*

【别名】

中间型荸荠。

【形态特征】

秆少数，丛生，细长；高20~35厘米，有少数钝肋条和纵槽，有不明显的疣状突起。叶缺如，只在秆的基部有1~2个长叶鞘，鞘的下部血紫色。小穗长圆形、狭长圆形或椭圆形，顶端钝圆，暗血红色，有多数花；在小穗基部有2片鳞片中空无花，其余鳞片全有花，膜质。小坚果倒卵形、宽卵形或圆卵形，双凸状，淡黄色，后来淡褐色。

【产地与分布】

保护区内渥洼池湿地有分布。国内分布于新疆、甘肃、黑龙江、内蒙古、河南等地。

【生境】

生于水边湿地。

143 扁秆荆三棱 *Bolboschoenus planiculmis* (F.Schmidt) T. V. Egorova

三棱草属 *Bolboschoenus*

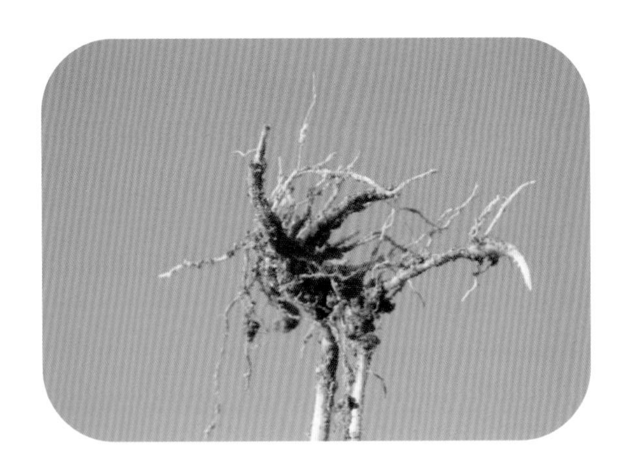

【别名】

扁秆藨草。

【形态特征】

具匍匐根状茎和块茎。秆高60~100厘米，三棱形，平滑，靠近花序部分粗糙，基部膨大，具秆生叶。叶扁平，向顶部渐狭，具长叶鞘。叶状苞片1~3枚，常长于花序，边缘粗糙；长侧枝聚伞花序短缩成头状，通常具1~6个小穗；小穗卵形或长圆状卵形，锈褐色，具多数花。小坚果宽倒卵形或倒卵形。花期5~6月，果期7~9月。

【产地与分布】

保护区内遇路台子、湿地有分布。国内分布于东北各省、内蒙古、山东、河北、河南、山西、青海、甘肃、江苏、浙江、云南等地。

【生境】

生于海拔高度2~1600米的湖、河边近水处。

【保护等级】

世界自然保护联盟(IUCN)2020年濒危物种红色名录3.1版——无危(LC)。

四十二、灯芯草科 Juncaceae

灯芯草属 *Juncus*

144 小花灯芯草 *Juncus articulatus* L.

【别名】

小花灯心草。

【形态特征】

多年生草本，高10~60厘米。根状茎粗壮横走，黄色，具细密褐黄色的须根。茎密丛生，直立，圆柱形，绿色，表面有纵条纹。叶基生和茎生，短于茎；叶片扁圆筒形，顶端渐尖呈钻状，具有明显的横隔，绿色；叶鞘松弛抱茎，边缘膜质；叶耳明显，较窄。花序由5~30个头状花序组成，排列成顶生复聚伞花序，花序分枝常2~5个；头状花序半球形至近圆球形，有5~15朵花。蒴果三棱状长卵形，超出花被片，顶端具极短尖头，成熟深褐色，光亮。种子卵圆形，一端具短尖，黄褐色。花期6~7月，果期8~9月。

【产地与分布】

保护区内洼洼池湿地有分布。国内分布于河北、陕西、宁夏、甘肃、新疆、山东、河南、湖北、四川、云南、西藏等地。

【生境】

生于草甸、沙滩、河边、沟边湿地。

【保护等级】

世界自然保护联盟(IUCN)2020年濒危物种红色名录3.1版——无危(LC)。

四十三、百合科 Liliaceae

145 蒙古韭 *Allium mongolicum* Regel

葱属 *Allium*

【别名】

沙葱、蒙古葱。

【形态特征】

鳞茎密集地丛生，圆柱状；鳞茎外皮褐黄色，破裂成纤维状，呈松散的纤维状。叶半圆柱状至圆柱状，比花葶短。花葶圆柱状，高10~30厘米，下部被叶鞘；总苞单侧开裂，宿存；伞形花序半球状至球状，具多而通常密集的花；花淡红色、淡紫色至紫红色，大；子房倒卵状球形。花果期7~9月。

【产地与分布】

保护区内遇路台子有分布。国内分布于新疆、青海、甘肃、宁夏、陕西、内蒙古和辽宁等地。

【生境】

生于海拔800~2800米的荒漠、沙地或干旱山坡。

【用途】

为广泛食用的野生蔬菜；全草入药，主治痢疾、秃疮、冻疮；亦是一种优等饲用植物，不仅大小牲畜均喜食并具有抓膘作用。

【保护等级】

世界自然保护联盟(IUCN)2020年濒危物种红色名录3.1版——无危(LC)。

146 碱韭 *Allium polyrhizum* Turcz. ex Regel

【生境】

生于海拔1000~3700米的向阳山坡或草地上。

【用途】

是一种优质饲草，所有家畜都采食；亦是较好的观花地被植物，在园林中可作缀化草坪、坡地绿化、花坛、花境、岩石园、专类园应用。

【保护等级】

世界自然保护联盟(IUCN)2020年濒危物种红色名录3.1版——无危(LC)。

【别名】

紫花韭。

【形态特征】

鳞茎成丛地紧密簇生，圆柱状；鳞茎外皮黄褐色，破裂成纤维状，呈近网状。叶半圆柱状，边缘具细糙齿，稀光滑，比花葶短。花葶圆柱状，高7~35厘米，下部被叶鞘；伞形花序半球状，具多而密集的花；花紫红色或淡紫红色，稀白色；子房卵形，腹缝线基部深绿色，不具凹陷的蜜穴。花果期6~8月。

【产地与分布】

保护区内遇路台子有分布。国内分布于新疆、青海、甘肃、内蒙古、宁夏、山西、河北、辽宁、吉林和黑龙江等地。

天门冬属 *Asparagus*

147 戈壁天门冬 *Asparagus gobicus* Ivan. ex Grubov

【形态特征】

半灌木,坚挺,近直立,高15~45厘米。根细长,粗约1.5~2毫米。茎上部通常迥折状,中部具纵向剥离的白色薄膜,分枝常强烈迥折状。叶状枝每3~8枚成簇,通常下倾或平展。花每1~2朵腋生。浆果熟时红色,有3~5颗种子。花期5月,果期6~9月。

【产地与分布】

保护区内西土沟、二墩有分布。国内分布于内蒙古、陕西、宁夏、甘肃和青海等地。

【生境】

生于海拔1600~2560米的沙地或多沙荒原上。

【保护等级】

世界自然保护联盟(IUCN)2020年濒危物种红色名录3.1版——无危(LC)。

主要参考文献

[1] 甘肃植物志编辑委员会. 甘肃植物志:第2卷[M]. 兰州:甘肃科学技术出版社,2003.

[2] 中国科学院植物研究所. 中国高等植物图鉴[M]. 北京:科学出版社,1976.

[3] 中国植物志编辑委员会. 中国植物志[M]. 北京:科学出版社,2004.

[4] 刘建泉,李波卡,冯虎元. 安南坝保护区维管植物图鉴[M]. 兰州:兰州大学出版社,2019.

中文名索引

拉丁名索引